数码摄影项目式教程

第三版

■ 主　编　吴　笛　谭志平　韩露枫
■ 副主编　马雪梅　涂燕平　李红艳　蔡雨欣

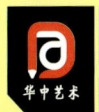

高职高专艺术学门类
"十四五"规划教材

职业教育改革成果教材

U0783829

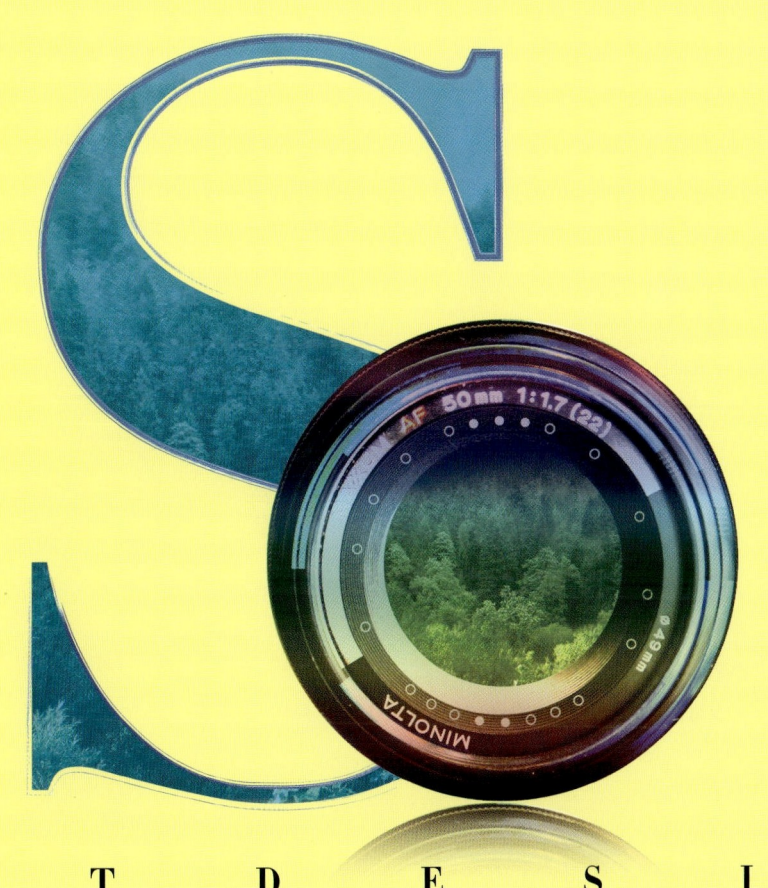

A R T D E S I G N

华中科技大学出版社
http://www.hustp.com
中国·武汉

内 容 简 介

本书是一本适合摄影初学者学习的数码摄影基础教材。本书共分三个项目：项目一是数码相机的使用，详细介绍了数码相机的发展历史、结构、性能及操作方法；项目二是数码摄影的拍摄技法，从理论与实践相结合的角度对人像摄影、风光摄影两大常见摄影题材进行了重点讲解；项目三是数码摄影的后期调整，讲解了如何运用后期处理软件对照片进行修饰、处理，以使作品更加完美。

本书内容翔实，图文并茂，可作为高职高专或应用型本科院校艺术类专业教材，也可作为其他专业的选修课教材，还可作为摄影爱好者的参考资料。

《数码摄影项目式教程（第三版）》（提取码为 xn3b）

图书在版编目（CIP）数据

数码摄影项目式教程 / 吴笛，谭志平，韩露枫主编 . — 3 版 . — 武汉 : 华中科技大学出版社，2020.1（2024.1重印）
高职高专艺术学门类 "十四五" 规划教材
ISBN 978-7-5680-3266-7

Ⅰ . ①数… Ⅱ . ①吴… ②谭… ③韩… Ⅲ . ①数字照相机 – 摄影技术 – 高等职业教育 – 教材
Ⅳ . ① TB86 ② J41

中国版本图书馆 CIP 数据核字 (2020) 第 005727 号

数码摄影项目式教程（第三版）
Shuma Sheying Xiangmushi Jiaocheng（Di-san Ban）

吴笛 谭志平 韩露枫 主编

策划编辑：彭中军
责任编辑：史永霞
封面设计：优 优
责任监印：朱 玢
出版发行：华中科技大学出版社（中国·武汉） 电话：（027）81321913
　　　　　武汉市东湖新技术开发区华工科技园 邮编：430223
录　　排：华中科技大学惠友文印中心
印　　刷：武汉科源印刷设计有限公司
开　　本：880 mm×1230 mm　1/16
印　　张：7.5
字　　数：183 千字
版　　次：2024 年 1 月第 3 版第 2 次印刷
定　　价：49.00 元

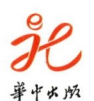

前言
Preface

从达盖尔发明摄影技术到今天，摄影的发展虽然只经历了 100 多年的时间，但是它却实现了由大雅之堂进入寻常百姓之家的普及，完成了从"阳光摄影""银版摄影"到全自动、高智能的发展。摄影的魅力，在于它瞬间的凝聚能力和变幻无穷的光影效果，从某种意义上说，它反映并影响着人类社会的发展与进步。

摄影首先是一门技术，熟练地掌握光圈、快门、焦距等组件的性能与使用技巧，就能够确保在不同的光线条件下得到摄影者所期望的曝光效果。摄影同时也是一门艺术，只有在不断掌握摄影技术的同时，潜心研究摄影的构图方式、造型法则、光影色彩，以及审美意境等各方面的奥秘，努力提高艺术修养，才能创作出不同凡响的摄影作品。

本书以项目任务的形式编写，从了解手中的数码相机讲起，首先详细介绍了数码相机的发展历史、结构、性能及基本操作，然后对人像摄影、风光摄影两大常见题材进行了重点讲解，最后又讲解了如何运用后期处理软件对摄影作品进行处理，帮助读者对摄影作品完成"第二次创作"。

本书由哈尔滨职业技术学院吴笛、谭志平、韩露枫三位教师编写。其中吴笛编写项目一，谭志平编写项目二，韩露枫编写项目三。在编写过程中我们得到很多摄影师的支持、帮助和指导，并参考了一些文献，在此对这些摄影师和文献的作者表示感谢。由于编写时间有限，书中难免有疏漏之处，真诚期待广大读者提出宝贵意见。

编 者
2019 年 7 月

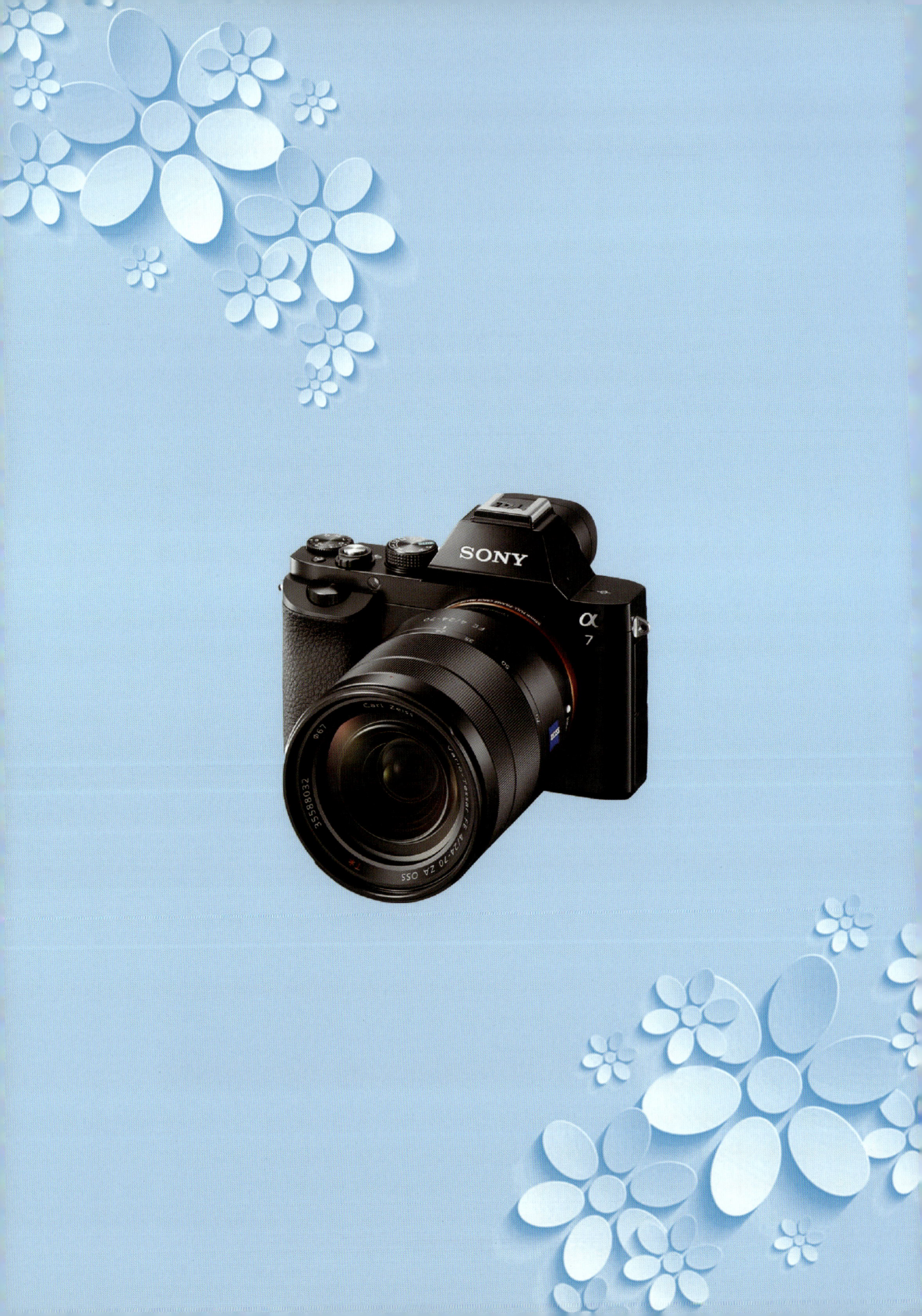

目录
Contents

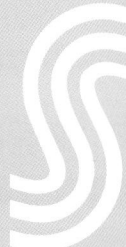

Shuma Sheying Xiangmushi Jiaocheng

项目一

数码相机的使用

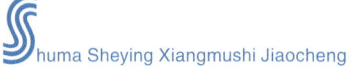

任务一　了解数码相机

一、数码相机的发展

照相机自 1839 年由法国人达盖尔发明以来，已经走过了 100 多年的发展历程。在这 100 多年里，照相机经历了从黑白到彩色，从纯光学、机械架构到光学、机械、电子三位一体，从以传统银盐胶片为记录媒介到以数码存储器为记录媒介的发展过程。笑看浮云遮望眼，瞬间沧海变桑田，数码相机的出现正式标志着相机产业向数字化新纪元的跨越式发展，人们的影像生活也由此得到了彻底改变。法国人达盖尔和他发明的第一台照相机如图 1-1 所示。

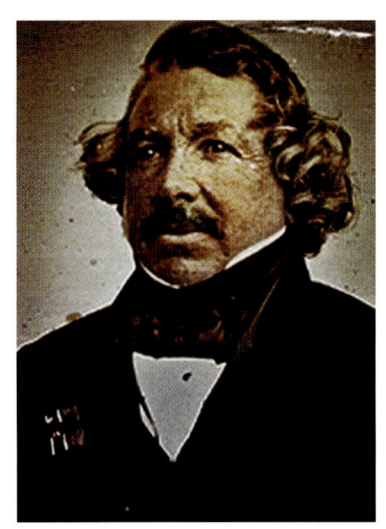 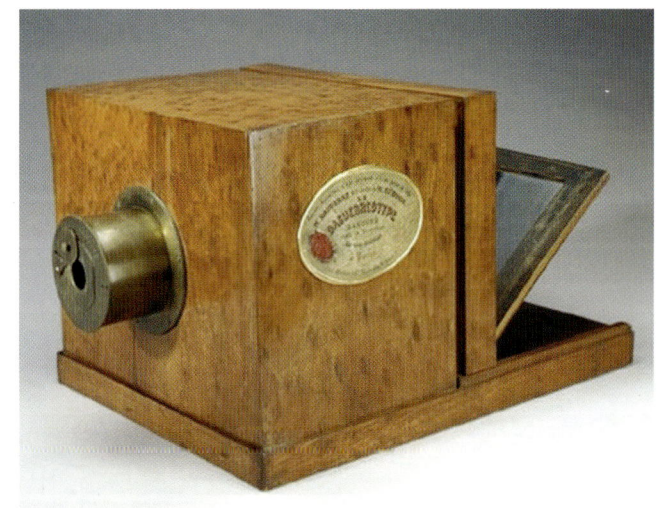

图 1-1　法国人达盖尔和他发明的第一台照相机

1991 年，柯达推出了 DCS100 电子相机（见图 1-2），首次在世界上确立了数码相机的一般模式，从此之后，这一模式成为业内标准。

对于专业摄影师来说，如果一台新机器有着他们熟悉的机身和操控模式，那么他们上手无疑会变得更加简单。为了迎合这一消费心理，柯达为 DCS100 应用了在当时众所周知的尼康 F3 机身，除了对焦屏和卷片马达做了较大改动，所有功能均与尼康 F3 无异，并且兼容大多数尼康镜头。

这台单反数码相机使用了拥有 130 万像素的 20.5 mm×16.4 mm CCD（电荷耦合

元件），光变倍数 1.8X，但限于当时的技术水平并未给它配备内置存储器，只能连同一个笨重的外置存储单元（DSU）使用。DSU 与现在的相机底座差不多，以电池作为驱动能源，内置 200MB 存储器，可以存放 150 张未经压缩的 RAW 照片。取景模式跟现在的机器比起来显得非常原始，拍摄者可以使用相机上的光学取景器或 DSU 上的 4 英寸 LCD 液晶屏取景，尽管不太方便，但在当时这台机器的售价相当于现在的 22.5 万元人民币。

在 DCS100 获得成功之后，柯达又在 1992 年推出了 DCS100 后续机型 DCS200（见图 1-3）。它摆脱了 DSU 的累赘，存储器被安置在了机身内部，这样一来带着出门拍摄就变得非常惬意了。

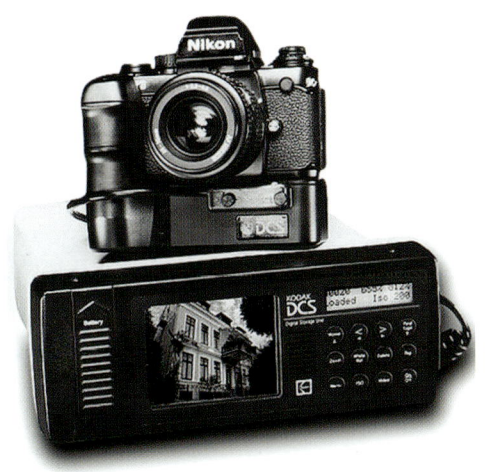

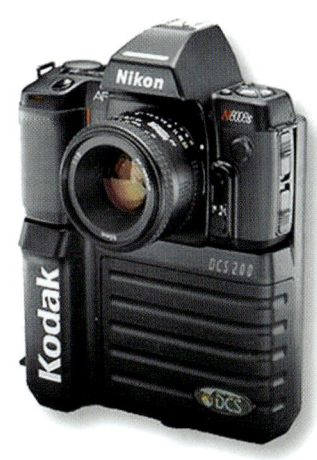

图 1-2　柯达 DCS100 相机　　　　　　图 1-3　柯达 DCS200 相机

到了 1994 年，数码影像技术已经获得了空前发展。柯达则成为数码相机研发和推广的先驱。在这一年柯达推出了民用消费型数码相机 DC40（见图 1-4），这被很多人视为民用数码相机市场成型的开端。DC40 使用 38 万像素的 CCD 支持，生成 756 mm×504 mm 的图像；使用 37 mm 等效固定镜头；使用内置 4MB 的内存，可存储 48 幅图像，不能使用其他移动存储介质。当年美国市场售价约为 699 美元。

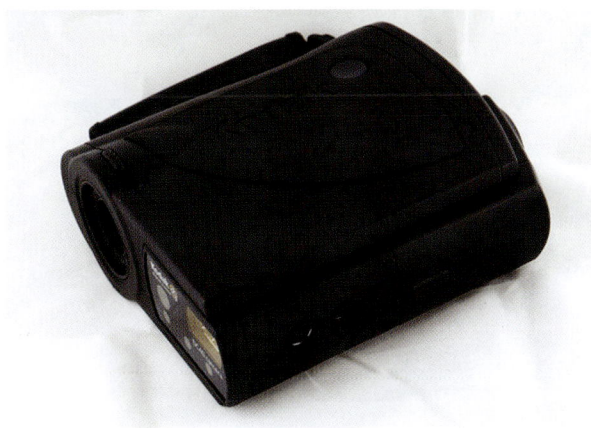

图 1-4　柯达 DC40 数码相机

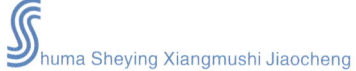

　　无论柯达还是佳能，在早期的产品设计中无不沿用了原来传统相机的胶片机身，尽管这能让专业摄影师感受到产品的亲和力，但产品多了也就难免会让人产生乏味的感觉。1995 年，尼康、富士两巨头联手推出了全新设计的 E2、E2s（见图 1–5）。它们不再照搬老掉牙的传统机身，采用了一体化设计风格，让人产生耳目一新的感觉。E2、E2s 的最特别之处在于采用了尼康新开发的 ROS 光学系统，通过一组光学元件将光线投射到面积小于 35 mm 胶片的 CCD 上，在这个基础上镜头的视角可以保持不变，但限于有效光圈严重缩水，成像质量受到了较大影响。

　　1999 年 6 月，尼康推出了首部自行研制的单反数码相机——D1 单反数码相机（见图 1–6），凭借远低于柯达 DCS 系列相机的售价开创了单反数码相机民用化的新时代。

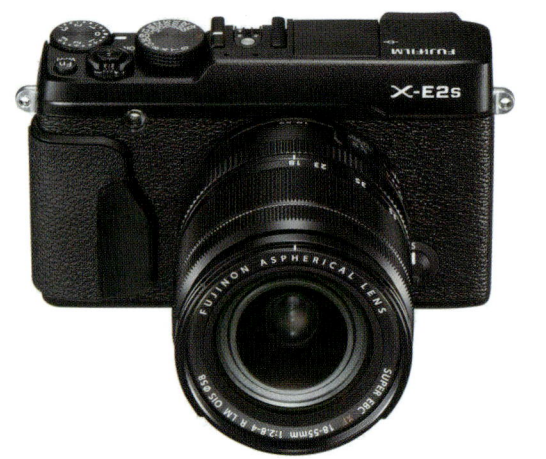 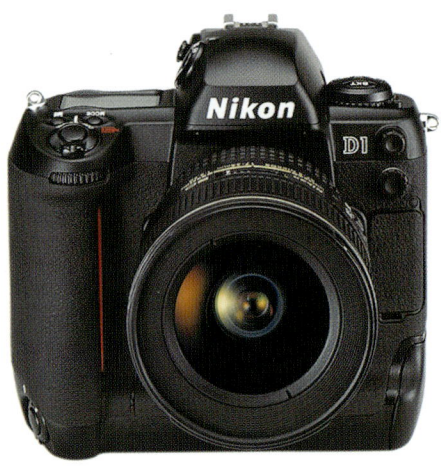

图 1–5　E2s　　　　　　　　　　图 1–6　尼康 D1 单反数码相机

　　单反数码相机虽然功能强大，拍摄画面栩栩如生，但高昂售价却是其无法走近平民百姓的最大障碍。2003 年 8 月，佳能推出了采用塑料机身的 EOS 300D 单反数码相机（见图 1–7）。它整合了 EOS–10D 惯用的 CMOS 感光器件，售价低于 1000 美元，从而彻底改变了数码相机市场原有的竞争格局。

　　之后，数码相机不断发展，各大相机厂家将数码相机与计算机结合，实现数字图像输入输出的功能。与此同时，不少 IT 厂商也开始介入数码相机的生产。

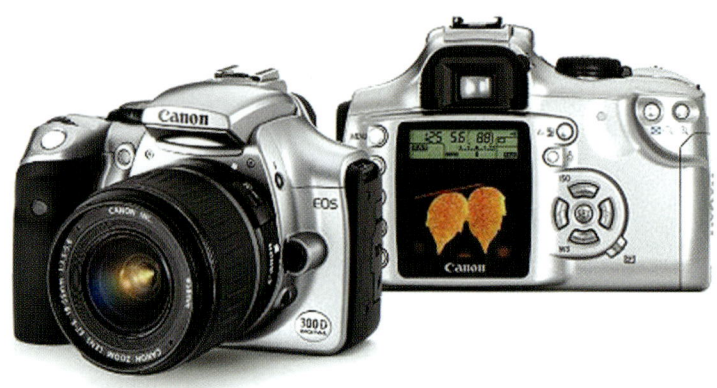

图 1–7　佳能 EOS 300D 单反数码相机

二、常见数码相机的类型

1．消费型数码相机

消费型数码相机是相对专业单反数码相机而言的，可以认为是"普通消费者使用的相机"，就是常说的"傻瓜相机"，简称 DC，不能更换镜头，CCD 面积较小。市面上常见的相机基本上都是消费型数码相机，其主要用于日常的拍摄留念、旅游拍摄或爱好者的拍摄学习。其构造、功能及价格主要面向普通消费大众。

徕卡 D-LUX7 如图 1-8 所示，索尼 DSC-RX100M6 如图 1-9 所示，富士 x100f "复古"相机如图 1-10 所示。

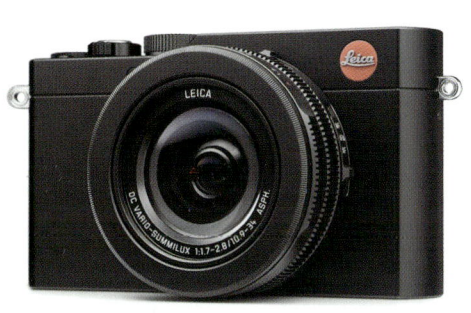
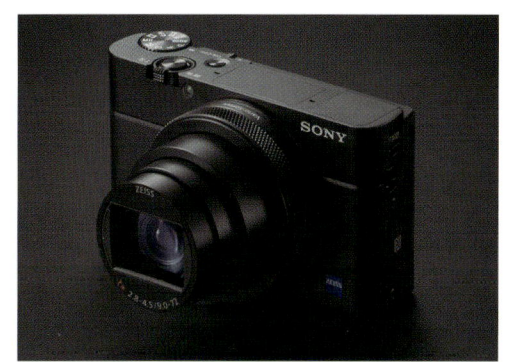

图 1-8　徕卡 D-LUX7　　　　　　　图 1-9　索尼 DSC-RX100M6

现在的数码相机厂商早已不再把像素、变焦等指标作为提升产品竞争力的唯一手段，让产品更加好用、易用，更人性化和具有亲和力，已成为数码相机设计的最新共识。

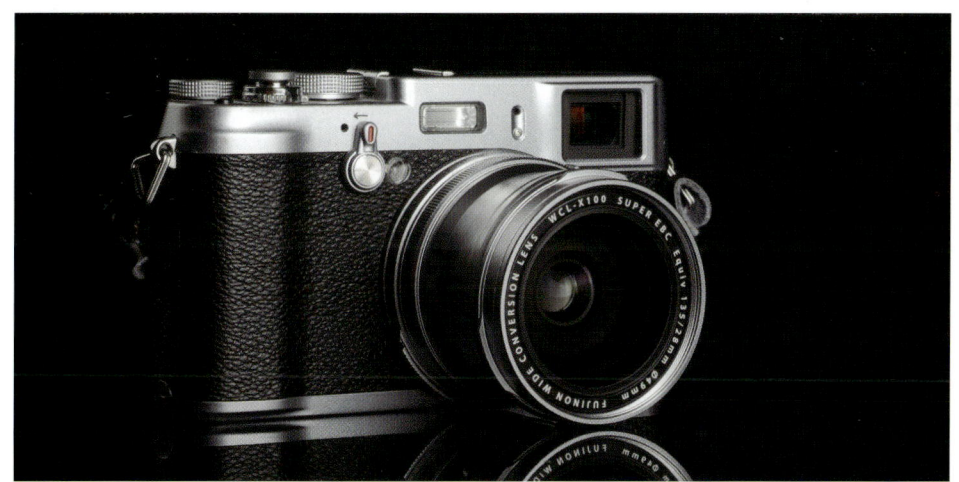

图 1-10　富士 x100f "复古"相机

2．准专业消费型数码相机

在一个多元化的时代，每个人都可以选择适合自己的产品。所谓理性化的市场，就是不会一窝蜂地去购买同一款产品。一部分摄影爱好者在使用消费型数码相机的同时还要追求相机的成像品质，于是这种准专业级别的消费型数码相机受到了不少人的青睐。这类相机同时也被相当多的摄影师作为备用机来使用。

准专业消费型数码相机佳能 PowerShot G1 X Mark Ⅲ 如图 1-11 所示，佳能 PowerShot G7 X Mark Ⅱ 如图 1-12 所示，松下 LX100M2 如图 1-13 所示。

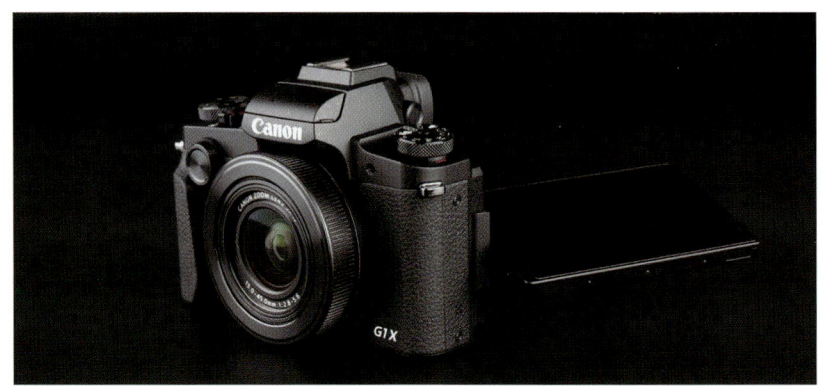

图 1-11　佳能 PowerShot G1 X Mark Ⅲ

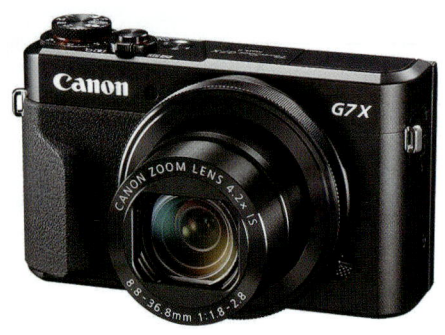

图 1-12　PowerShot G7 X Mark Ⅱ

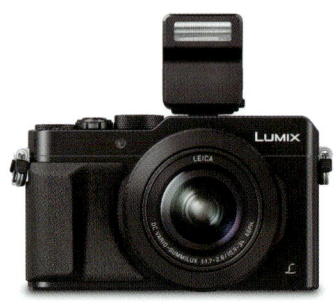

图 1-13　松下 LX100M2

3. 单反数码相机

单反数码相机又称为单镜头反光数码照相机。它是用单镜头并通过此镜头反光取景的数码相机，是专业摄影师、摄影爱好者的首选相机类型。

尼康 D5 单反数码相机如图 1-14 所示，佳能 1DX Mark Ⅱ 单反数码相机如图 1-15 所示。

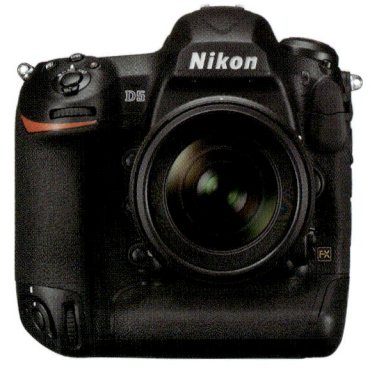

图 1-14　尼康 D5 单反数码相机

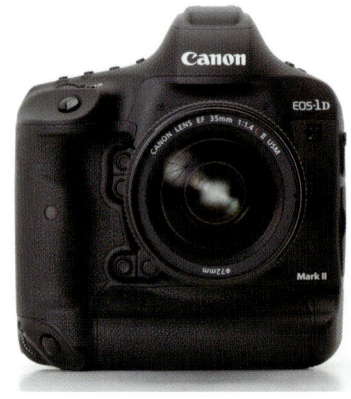

图 1-15　佳能 1DX Mark Ⅱ 单反数码相机

单反数码相机具有如下优势。

（1）成像质量优秀是很多消费者青睐单反数码相机的第一理由。因为单反数码相机中感光器的面积远大于消费型数码相机中感光元件的面积，所以像素密度相对大大降低，因此在大宽容度、高解像力和高感光度下的表现力更强。佳能 5D Mark Ⅳ 单反数码相机如图 1–16 所示。

（2）单反数码相机的快门是纯机械快门或电子控制的机械快门，快门时滞极短，按下快门后能立即成像。尼康 D850 单反数码相机如图 1–17 所示。

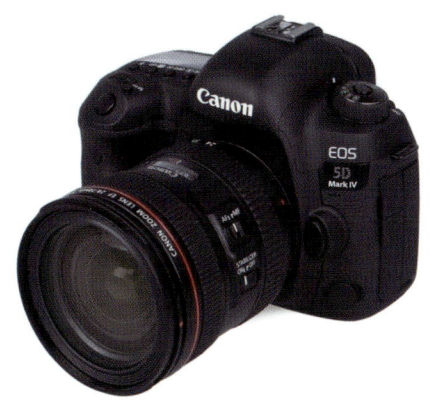
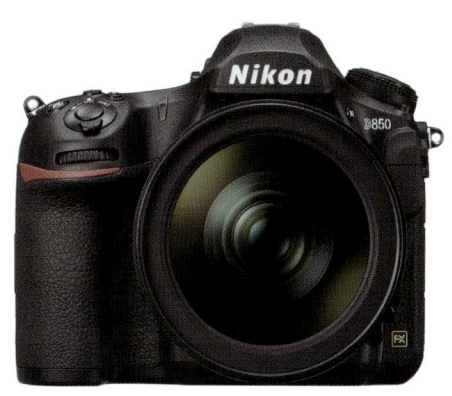

图 1–16　佳能 5D Mark Ⅳ 单反数码相机　　　图 1–17　尼康 D850 单反数码相机

（3）单反数码相机通过镜头取景，所见即所得，通透的光线使对焦时更容易取景。单反数码相机庞大的镜头体系如图 1–18 所示。

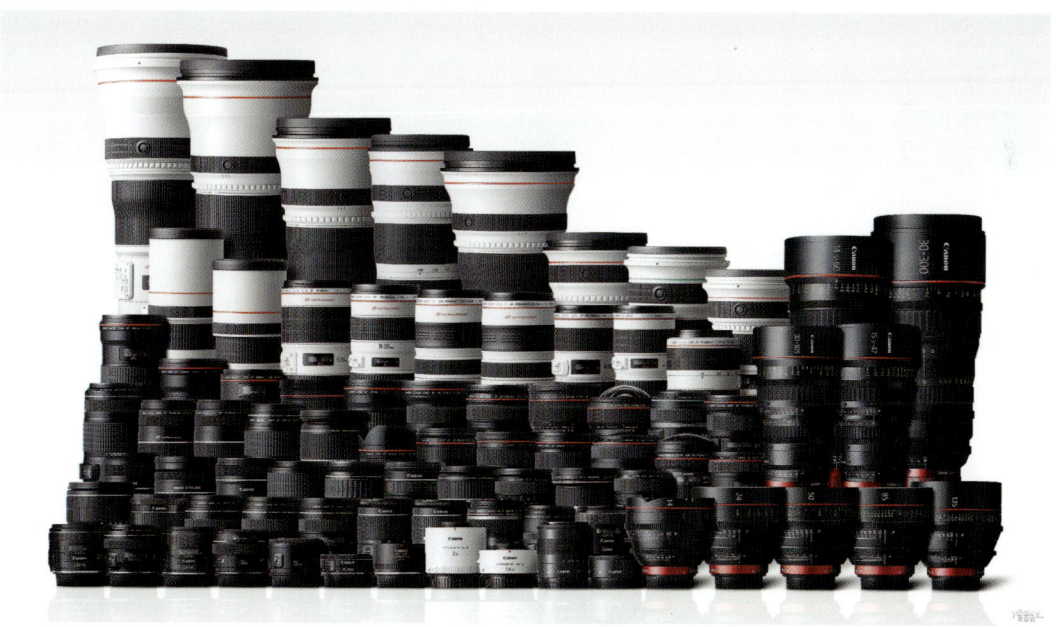

图 1–18　单反数码相机庞大的镜头体系

（4）单反数码相机的镜头可以根据拍摄主题来确定，可以更换。而消费型数码相机的镜头无法更换，并且镜头质量比单反数码相机的镜头质量要差得多。尼康 D5600 入门

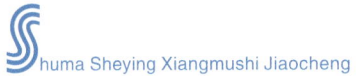

级单反数码相机如图 1-19 所示。

（5）单反数码相机拥有大量手动功能。佳能 800D 入门级单反数码相机如图 1-20 所示。

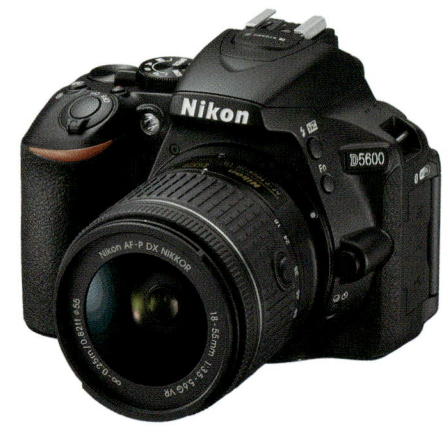 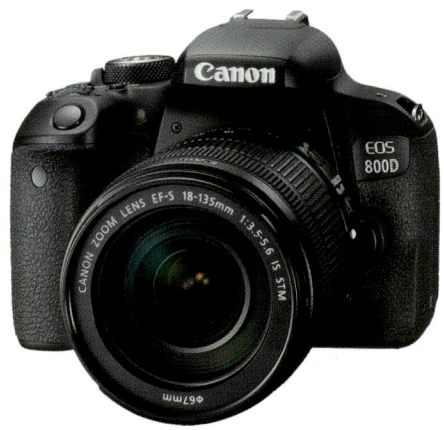

图 1-19　尼康 D5600 入门级单反数码相机　　　　图 1-20　佳能 800D 入门级单反数码相机

4. "微单"数码相机

"微单"数码相机是相机家族中的一个新成员。它是一种定位上介于单反数码相机和消费型数码相机之间的跨界产品。"微单"数码相机采用与单反数码相机相同规格的传感器，取消单反数码相机上的光学取景器构成元件，没有了棱镜与反光镜结构，大大缩小了镜头卡口到感光元件的距离，因此，可以获得比单反数码相机更小巧的机身，也保证了成像画质与单反数码相机的相当。"微单"数码相机的客户群主要是既想获得非常好的画面表现力，又想获得紧凑型数码相机轻便性的时尚人群。

2010 年，索尼发布"微单"数码相机 NEX-5（见图 1-21），这是索尼首次推出介于单反数码相机和消费型数码相机之间的跨界产品。

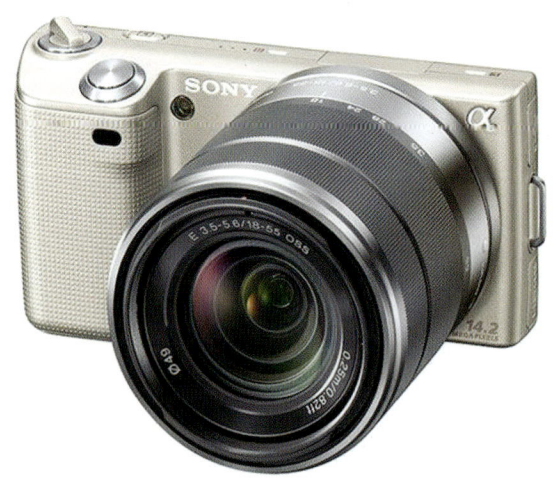

图 1-21　"微单"数码相机 NEX-5

佳能 EOS M 系列"微单"数码相机如图 1-22 所示，富士 XT 系列"微单"数码相机如

图 1-23 所示，徕卡 CL "微单"数码相机如图 1-24 所示，索尼 ILCE-7 "微单"数码相机如图 1-25 所示。

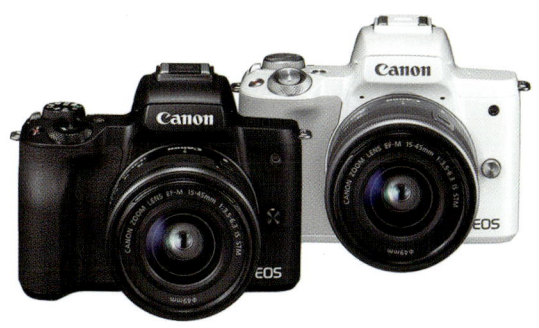

图 1-22　佳能 EOS M 系列"微单"数码相机

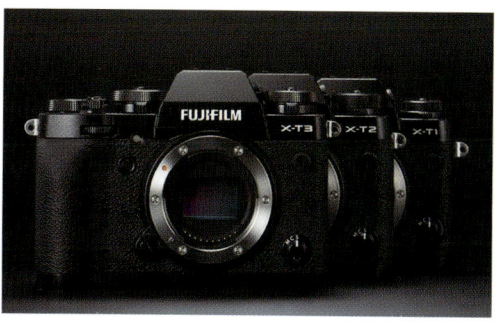

图 1-23　富士 XT 系列"微单"数码相机

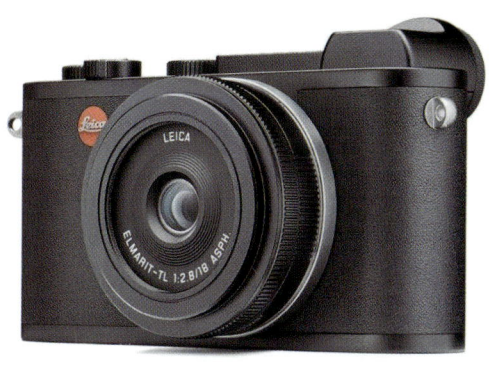

图 1-24　徕卡 CL "微单"数码相机

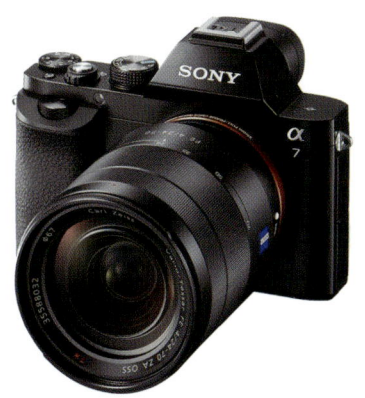

图 1-25　索尼 ILCE-7 "微单"数码相机

任务二　深入探索数码相机

一、数码相机成像原理

相机拥有很奇妙的成像结构。无论是数码相机还是传统胶片相机，它们的成像原理实际上都是简单的小孔成像原理（见图 1-26）。

小孔成像原理指的就是当景物透过真空的暗箱时，会在其内部的平面上产生一个左右、上下颠倒的影像。现在的照相机就是利用了这一原理，镜头是小孔，景物通过小孔进入暗室，最后在传统胶片上曝光或通过感光元件感光并存储在存储卡内。

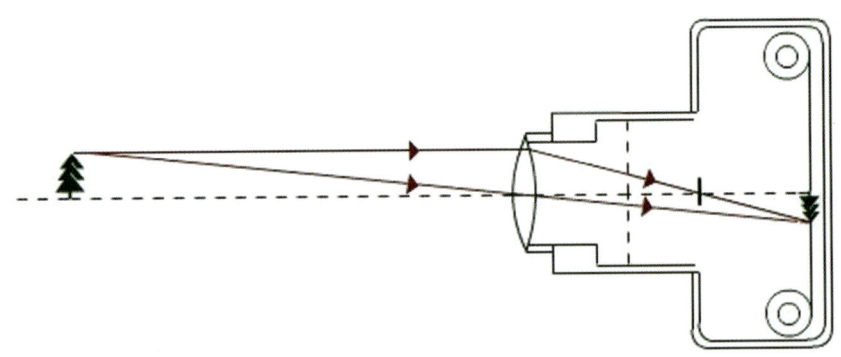

图 1-26　小孔成像原理

　　数码相机的成像过程远远比胶片的复杂。但不管数字成像技术如何发展，成像原理和基本要素还是和胶片成像过程相类似的。数码相机也有镜头，但通过镜头的光线不再像胶片相机中那样投射到胶片上，而是直接射在感光器的光敏单元上，这些感光器由半导体元件构成，由数码相机的内置智能控制装置对射入光线进行分析处理，并自动调整合适的焦距、曝光时间、色度、白平衡等参数，然后将这些数据传送给模/数转换器（ADC），ADC 最后把这些电子模拟信号转换成数字信号并存储在存储卡上。数码相机成像如图 1-27 所示。

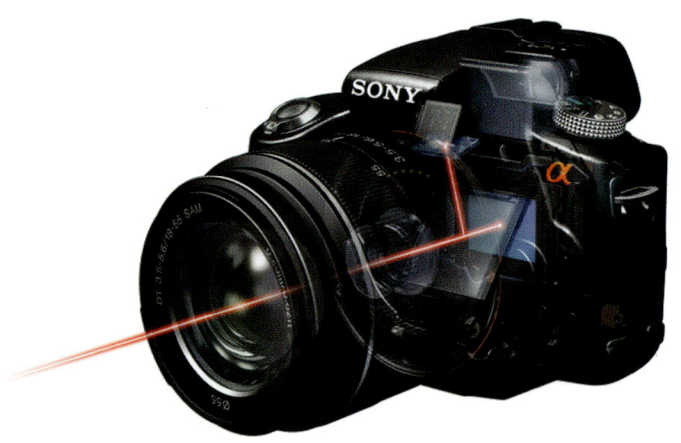

图 1-27　数码相机成像

二、数码相机的镜头与焦距

1. 镜头

　　镜头（见图 1-28）是相机中最重要的部件。因为它的好坏直接影响拍摄成像的质量。当进行拍摄时，光线透过相机的镜头投影到感光元件上使其感光完成拍摄。同时镜头也是划分相机种类和档次的一个重要标准。一般来说，根据镜头，可以把相机划分为专业相机、准专业相机和普通相机三个档次。镜头分为变焦和定焦两大类。变焦镜头就是焦距可变的镜头，也就是可以推拉的镜头；定焦镜头就是焦距不能变化，只有一个焦段，或者只有一个视角的镜头。

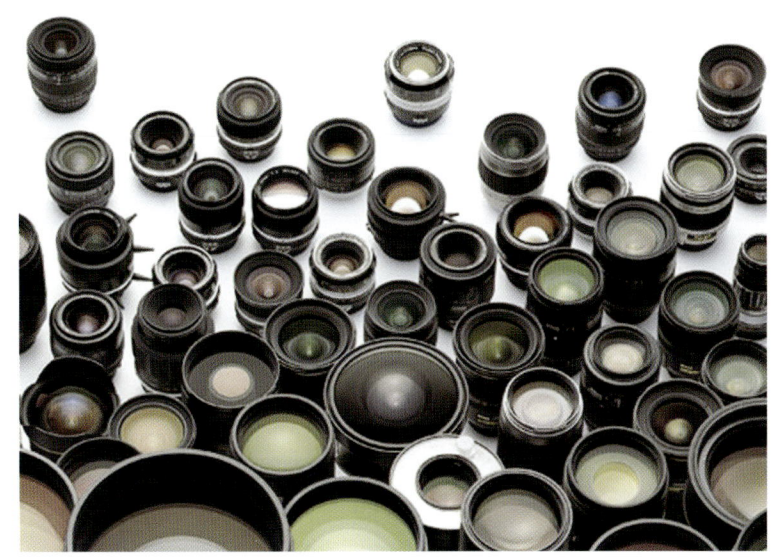

图 1-28　镜头

普通的消费型数码相机的镜头采用与相机机身一体化设计的镜头，而单反数码相机和"微单"数码相机采用可拆卸镜头，拍摄者可以根据实际需求来选择不同的镜头，从而获得不同的拍摄效果。

2. 焦距

焦距（见图 1-29）是指镜头光学后主点到焦点的距离，是镜头的重要性能指标。镜头焦距的长短决定拍摄的成像大小、视场角大小、景深大小和画面的透视强弱。

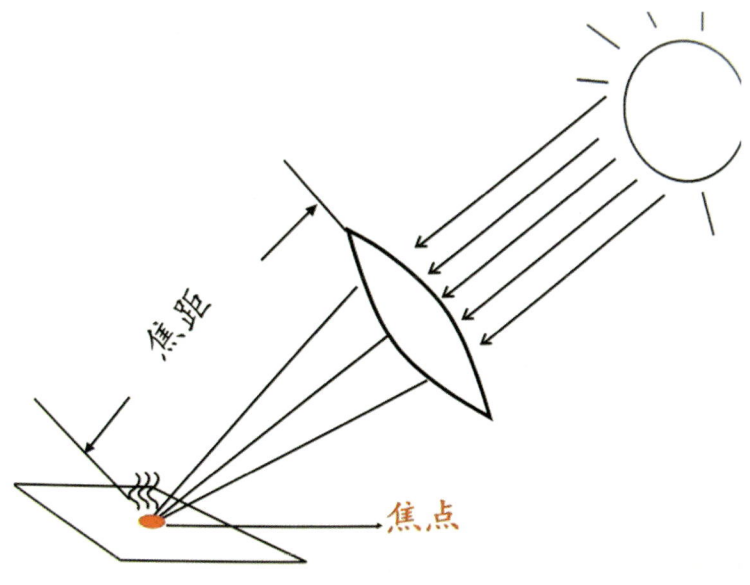

图 1-29　焦距

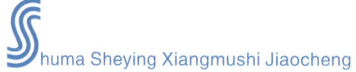
　　现在许多厂商宣传的变焦倍数往往是由 N 倍的光学变焦和 N 倍的数码变焦两个参数组成的。光学变焦通过相机镜头中镜片组的移动变换产生的不同的焦距来实现对物体的放大、缩小，通俗地说，就是通过镜头的伸缩来拉近、推远被摄物体；数码变焦则类似于在计算机中将图像的某一部分进行放大，只不过数码变焦是直接在拍摄过程中完成的。虽然两种变焦都有助于放大远方物体，但只有光学变焦可以在不大量损失清晰度的情况下把主体放大，而数码变焦在通过插值运算将电子画面放大的同时却无法使细节保持同样的清晰度。可以说数码变焦对最终成像意义不大，如果对画面质量比较讲究的话，数码相机的数码变焦倍数到底有多大几乎可以不去计较，光学变焦倍数才是选购时需要考虑的因素。

三、数码相机名词解释

1．像素

　　像素（见图 1–30）是衡量数码相机质量的重要指标。像素指的是数码相机的分辨率，它是由相机里的光电传感器上的光敏元件数目所决定的。一个光敏元件就对应一个像素，因此像素越大，意味着光敏元件越多，相应的成本就越高。数码相机的图像质量部分是由像素决定的，但大过一定尺寸再单纯拿像素来比较就没有意义了。目前主流单反数码相机的分辨率在 1000 万像素以上，但是普通摄影及家用数码相机的 500 万像素已足够了，因为它们使用的显示器的分辨率有限，一般为 1024 像素 ×768 像素至 1920 像素 ×1200 像素，这样分辨率的屏幕如果显示像素过高的图片，图片会被压缩至当前屏幕的大小，且可能会出现锐利度过高而失真的情况。

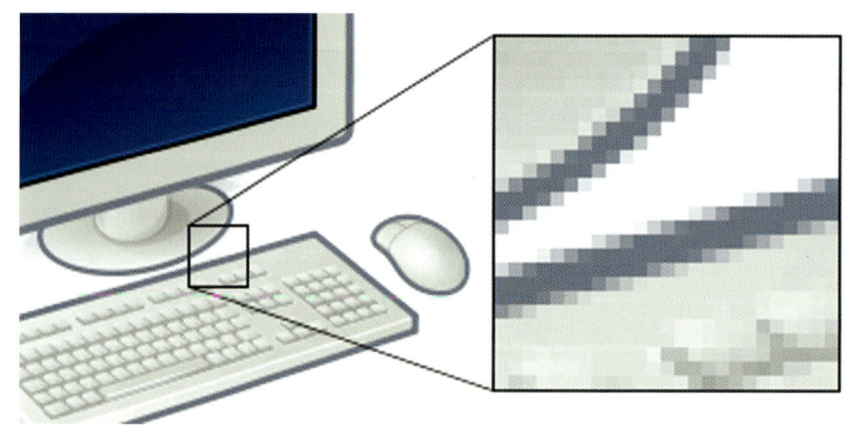

图 1–30　像素

2．画幅规格

　　全画幅的感光器件尺寸完全等同于传统 35 mm 胶片的尺寸，规格是 36 mm × 24 mm，一般用在专业级或准专业级数码相机上，如尼康全画幅标注为"FX"。尼康全画幅镜头如图 1–31 所示。

　　APS 画幅是传统胶片的一种规格，数码相机当前使用的有 APS–C 和 APS–H 两种。

关于 APS-C 画幅感光器件的尺寸规格，不同厂家的标准略有不同，佳能的 APS-C 画幅略小，为 22.3 mm×14.9 mm，其他厂家略大，为 23 mm×15 mm。尼康将 APS-C 画幅标注为"DX"。 APS-H 画幅目前使用在佳能 EOS-1D Mark IV 等单反数码相机上，尺寸为 27.9 mm×18.6 mm。其面积小于全画幅，但大于 APS-C 画幅。除了佳能之外，徕卡也曾在其 M8 相机上使用过一款 APS-H 画幅感光器件。佳能 APS 画幅相机如图 1-32 所示。

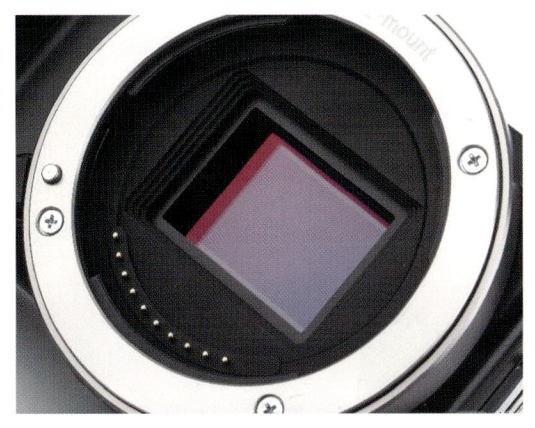

图 1-31　尼康全画幅镜头

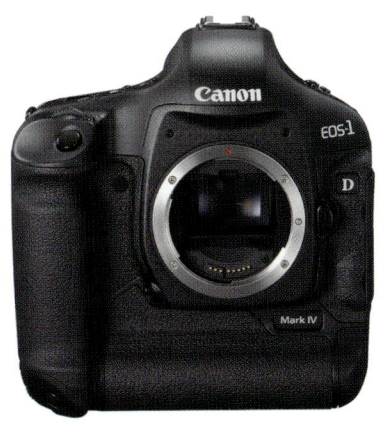

图 1-32　佳能 APS 画幅相机

4/3 画幅尺寸标准为 18 mm×13.5 mm，长宽比为 4∶3。因为这一画幅的对角线为 33.87 mm，折算后约合 4/3 英寸，故而得名。4/3 画幅的面积略小于 APS-C 画幅的。较有代表性的相机有 2012 年初佳能推出的舰级消费型数码相机 G1X。

数码相机的画幅尺寸是影响画质很重要的一个因素，原因在于较大感光面积可以获得更高的灵敏度、动态范围和信噪比，进而能对图像细节表现、色彩层次、画面纯净度、曝光宽容度等产生良性影响。中高档卡片机的画质往往要比拍照手机的画质好，这是因为前者使用的感光器尺寸更大。而单反数码相机比一般卡片机的画质好，很大程度上也是基于同一原因。需要说明的是，感光器大小虽然是影响画质的关键，但影响画质的因素还有像素、图像处理器、镜头配置等多方面。为了让大家更直观地了解不同画幅之间的尺寸、面积差异，我们绘制了图 1-33 所示的画幅比例关系图。

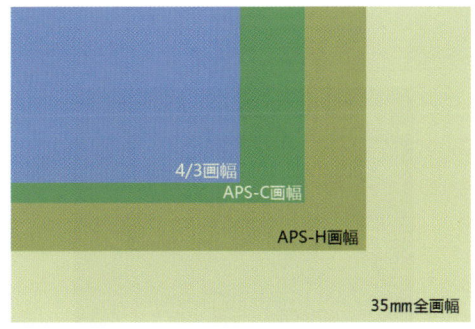

图 1-33　画幅比例关系图

3. 取景器

取景器可以分为光学取景器和 LCD 取景器。光学取景器，顾名思义，就是通过光学的组件来完成取景的工作。根据工作原理的不同，光学取景器又分为旁轴式和单镜头反光同轴式两种。单镜头反光同轴式光学取景器是直接通过镜头取景，光线从镜头射入，通过一面反光镜，折射到上方的对焦屏成像，再折射到目镜中，这样拍摄者就能从观景框中看到所要拍摄的图像了。它直接通过镜头取景，解决了图像偏差的问题，真正做到了"所见即所得"的效果。LCD 取景器就是液晶取景器，数码相机背后那块大大的液晶显示屏便是它。通过 LCD 取景器看到的景象就是即将拍摄成像的景物，视差极低。现在不少数码相机的 LCD 取景器都设计成可旋转式的，这样一来，数码相机的取景角度就更多，而且可以非常直观地实现自拍操作。不过 LCD 取景器的功率消耗比较大，长时间开启会大大缩短数码相机的工作时间。取景器如图 1-34 所示。

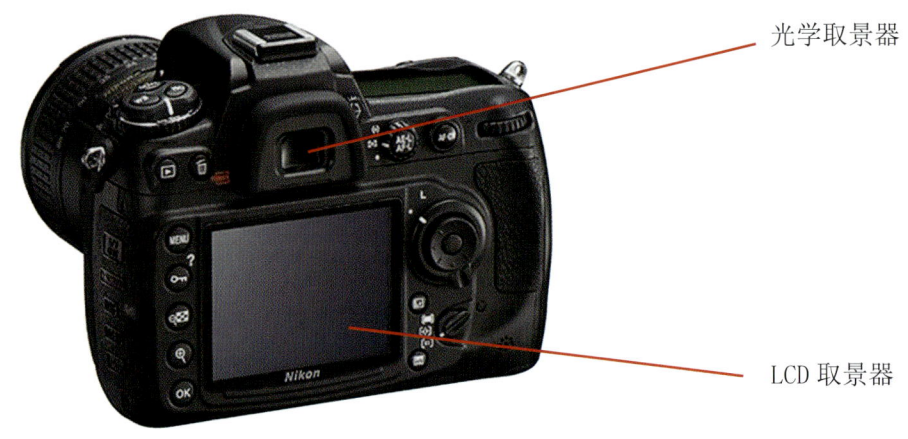

光学取景器

LCD 取景器

图 1-34　取景器

4．白平衡

在使用数码相机拍摄的过程中，很多初学者会发现荧光灯的光在人看来是白色的，但用数码相机拍摄出来却偏绿。同样，如果是在白炽灯下，拍出图像的色彩就会明显偏红。人类的眼睛之所以把它们都看成白色的，是因为人眼进行了修正。如果能够使相机拍摄出的图像色彩和人眼所看到的色彩完全一样就好了。但是，由于感光元件本身没有这种功能，因此就有必要对它输出的信号进行一定的修正，这种修正就称为白平衡。白平衡如图 1-35 所示。

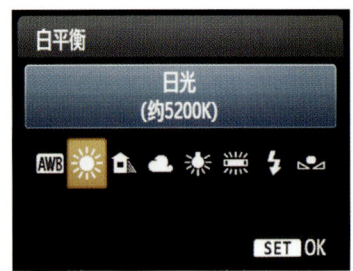

图 1-35　白平衡

照片受拍摄场所的光线的影响很大。在自动模式下颜色不自然时，根据拍摄场所的光线，选择"白天""钨灯""荧光灯"等模式进行拍摄会得到较好的效果。如果需要更逼真的色彩，则可以手动设置。同一张照片在不同的白平衡设定下会表现出完全不同的色调，如图 1-36 所示。

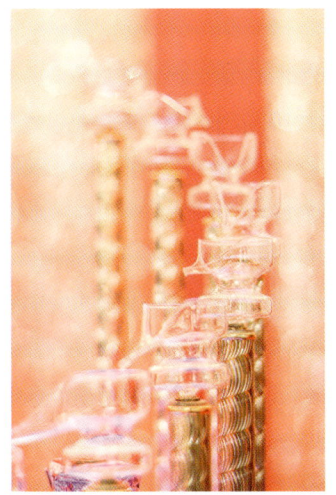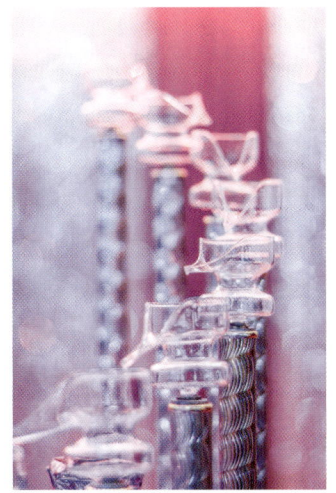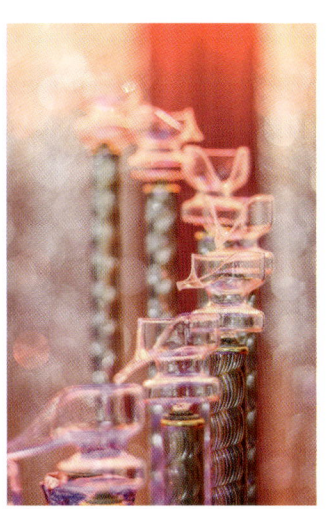

图 1-36　同一张照片在不同的白平衡设定下表现出完全不同的色调

5. 135 相机和 120 相机

在胶片时代，135 胶片是最普及的主流产品。它的感光成像面积为 36mm×24mm。使用这种胶片的相机称为 135 相机。

除 135 相机以外，还有一种使用更大面积底片进行拍摄的相机，它使用 120 胶片，因此称为 120 相机。用 120 相机拍摄的单张照片的底片面积大约为 135 相机拍摄的单张照片底片面积的四倍，因此 120 相机拥有更为优秀的画面质量，被应用在对画质有更高要求的专业摄影领域。

进入数码时代，哈苏等顶级相机厂商先后推出了基于 120 画幅的单反数码相机，它们的成像质量普遍优于 135 画幅单反数码相机的，但由于价格过于昂贵，只被极少数职业摄影师采用。

现在使用的单反数码相机，实际上就是从 135 画幅胶片单反数码相机发展而来的。哈苏顶级 120 数码相机 H6D-100c 如图 1-37 所示。

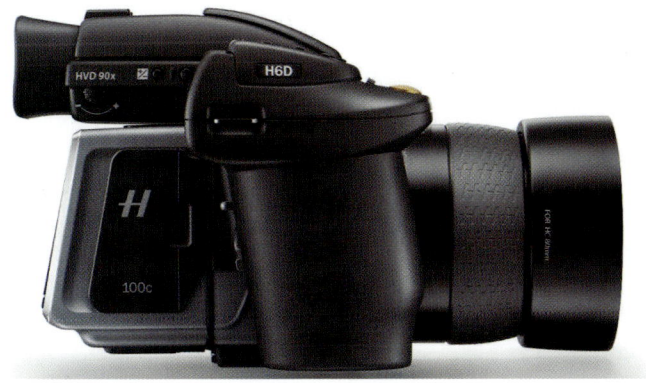

图 1-37　哈苏顶级 120 数码相机 H6D-100c

任务三　曝　光　控　制

一、曝光的核心

1．快门

1）快门的概念

快门是照相机用来控制感光片有效曝光时间的机构，是照相机的一个重要组成部分，它的结构、形式及功能是衡量照相机档次的重要因素。

相机快门的主要功能是控制相机的曝光时间。快门开启的时间长，相机的进光量就多，曝光量就大；快门开启的时间短，则曝光量少。

在相机其他参数相同的情况下，快门速度越快，曝光时间越短，感光元件接收的光亮就越少，照片看起来越昏暗，如图1-38所示。在相机其他参数相同的情况下，快门速度越慢，曝光时间越长，感光元件接收的光亮就越多，照片看起来越明亮，如图1-39所示。

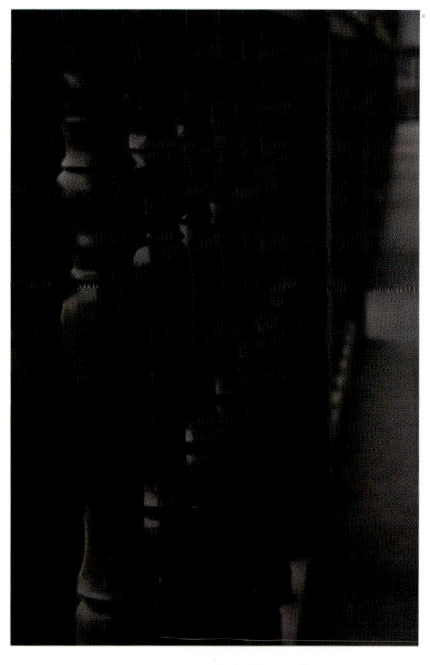

图1-38　昏暗的照片

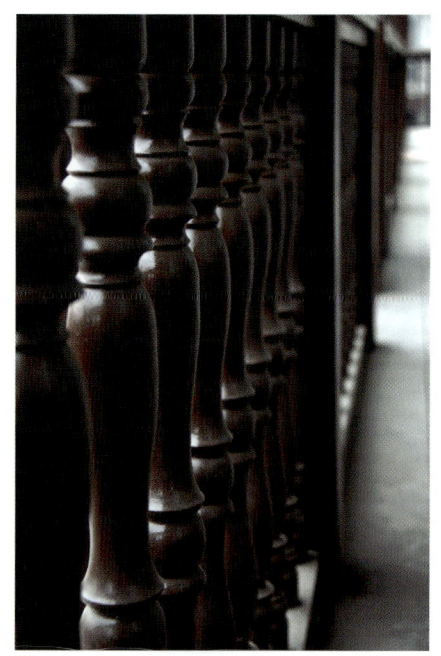

图1-39　明亮的照片

快门的速度一般用数字表示，数字越大，曝光时间越长。数码相机的快门速度一般有

30 s、15 s、8 s、4 s、2 s、1 s、1/2 s、1/4 s、1/8 s、1/15 s、1/30 s、1/60 s、1/125 s、1/250 s、1/500 s、1/1000 s、1/2000 s、1/4000 s、1/8000 s 等。相邻两挡快门速度大致相差一倍，相机的进光量和曝光量也大致相差一倍。

不同数码相机的快门速度根据机型的定位和级别不同，在最慢和最快两极有一定的变化，但常用的曝光时间和功能是相同的。相机厂商在设计快门功能时，为了方便摄影师精确控制曝光时间，在两挡快门速度之间进一步细分，设计了一到两个快门挡位，例如在 15 s 和 8 s 之间有 13 s 和 10 s 两挡可供选择，这样使拍摄时的曝光控制更加准确和便利。不同曝光时间的照片如图 1-40 所示。

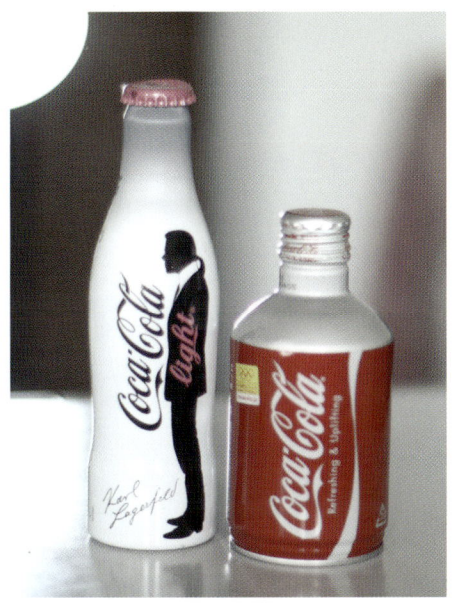

1/250 s

1/500 s

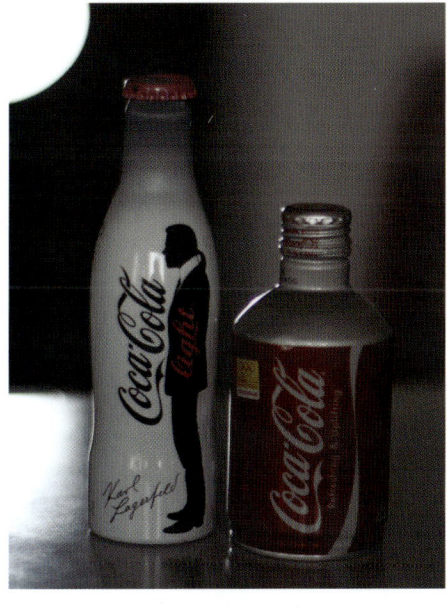

1/1000 s

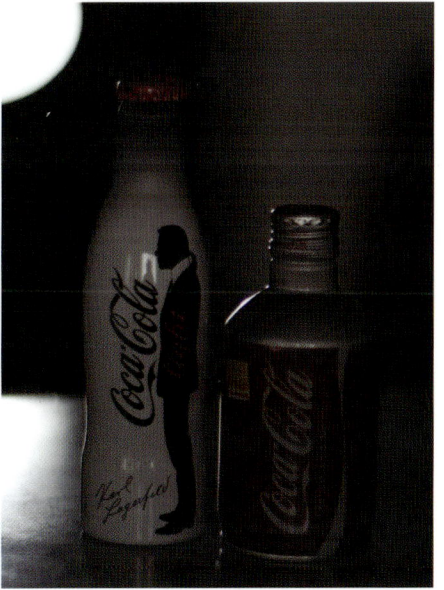

1/2000 s

图 1-40 不同曝光时间的照片

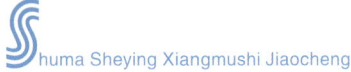

2）快门速度的应用

（1）定格运动物体的瞬间状态。快门速度最常见的应用是凝固运动物体的瞬间状态，根据被摄对象的运动速度调整快门速度，使曝光时间足够短，就可以达到这种效果。利用高速快门定格海豚跃起的瞬间如图 1-41 所示，利用高速快门定格海鸥飞翔的瞬间如图 1-42 所示。

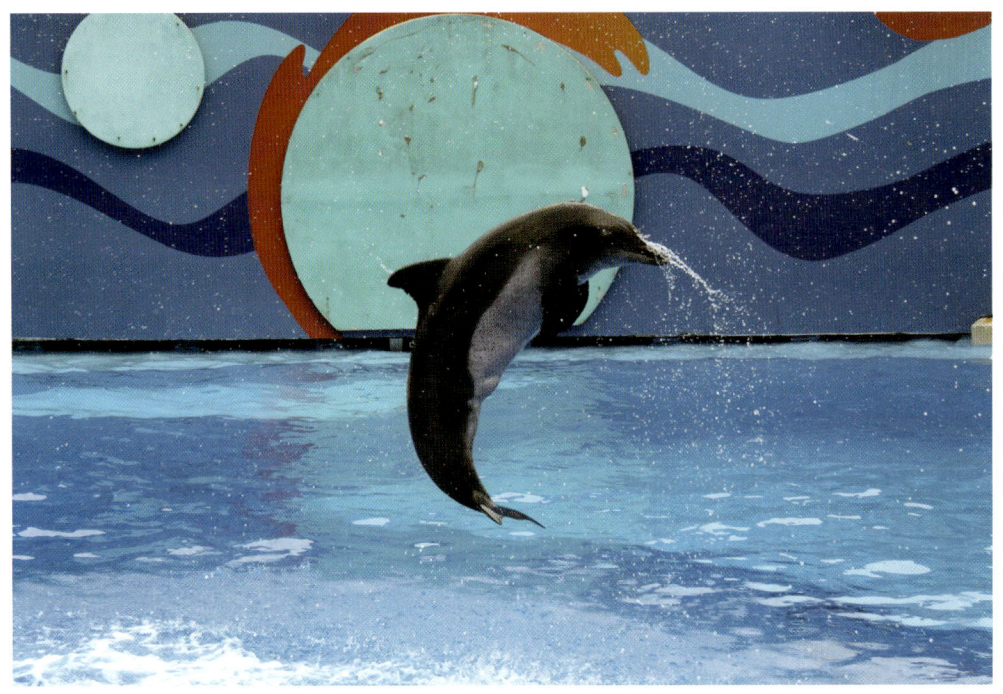

图 1-41　利用高速快门定格海豚跃起的瞬间

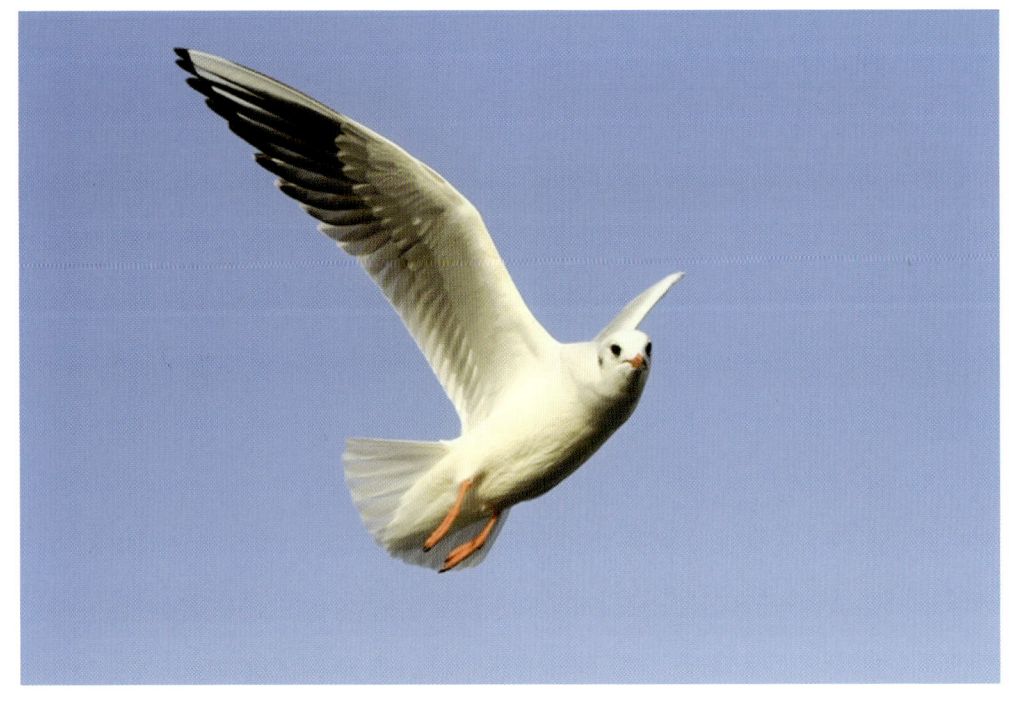

图 1-42　利用高速快门定格海鸥飞翔的瞬间

　　（2）表现运动物体的运动形态。拍摄运动物体时，有意降低快门速度，通过慢速快门将拍摄对象的运动状态和轨迹呈现出来，是不错的创作手法；不过快门速度的设置很难准确把握，需要经验和不断尝试。利用不同的快门速度，拍摄具有动感的旋转木马，其效果如图 1-43 所示。利用慢速快门，在拍摄夜景保证照片曝光的同时，将汽车尾灯拍出拖尾的效果，如图 1-44 所示。

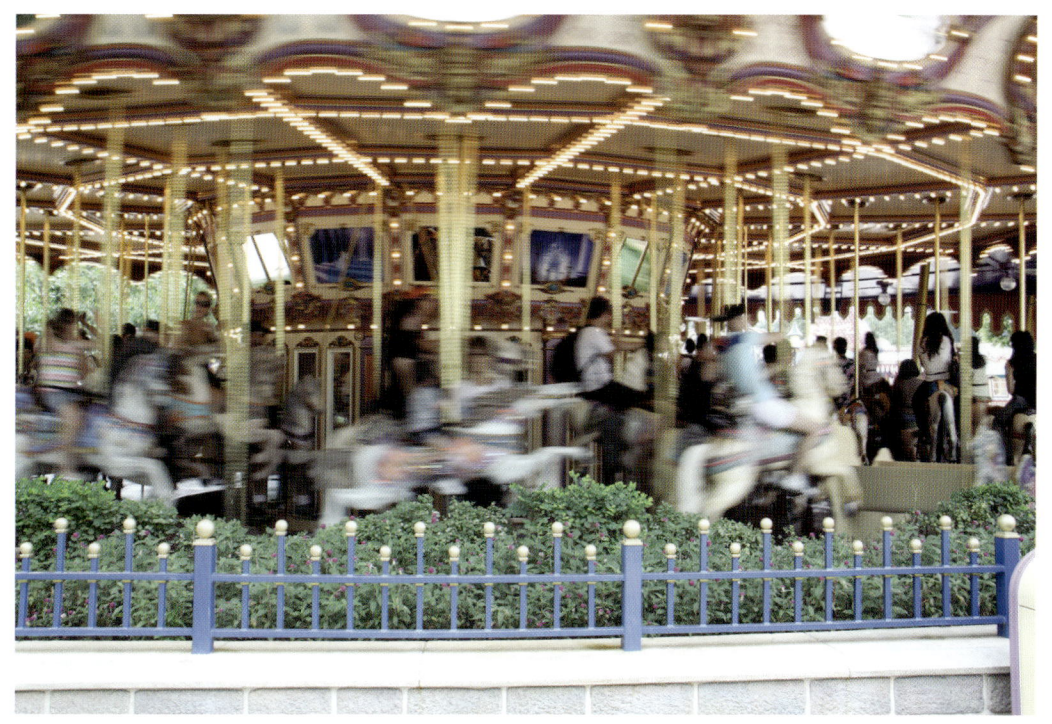

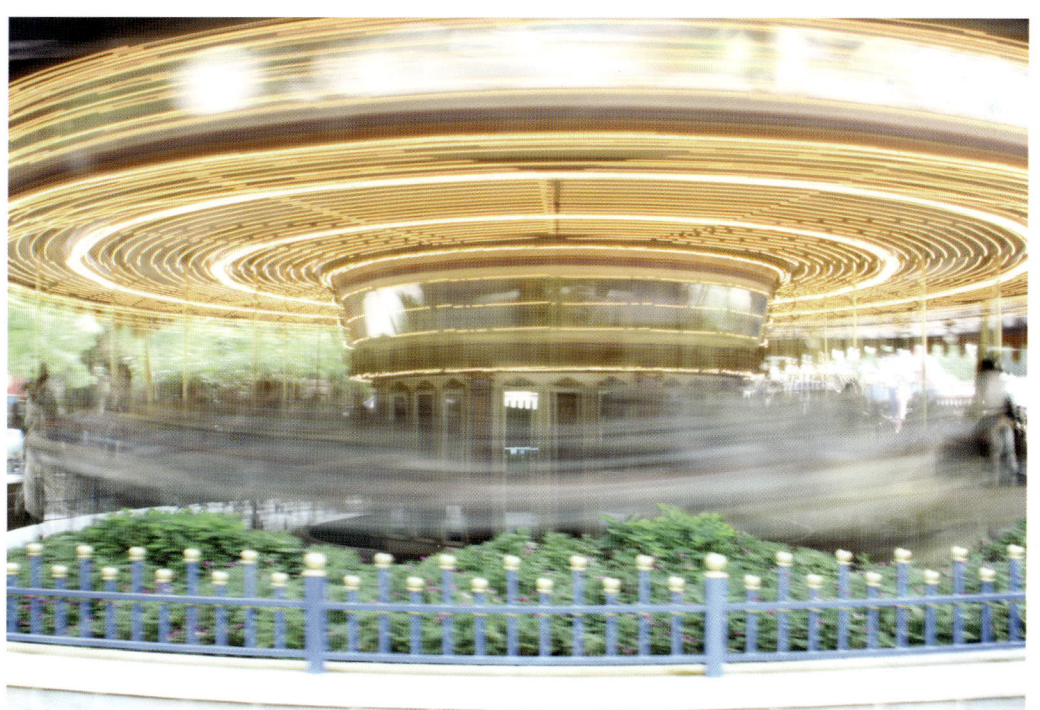

图 1-43　利用不同的快门速度将旋转木马拍得更具动感

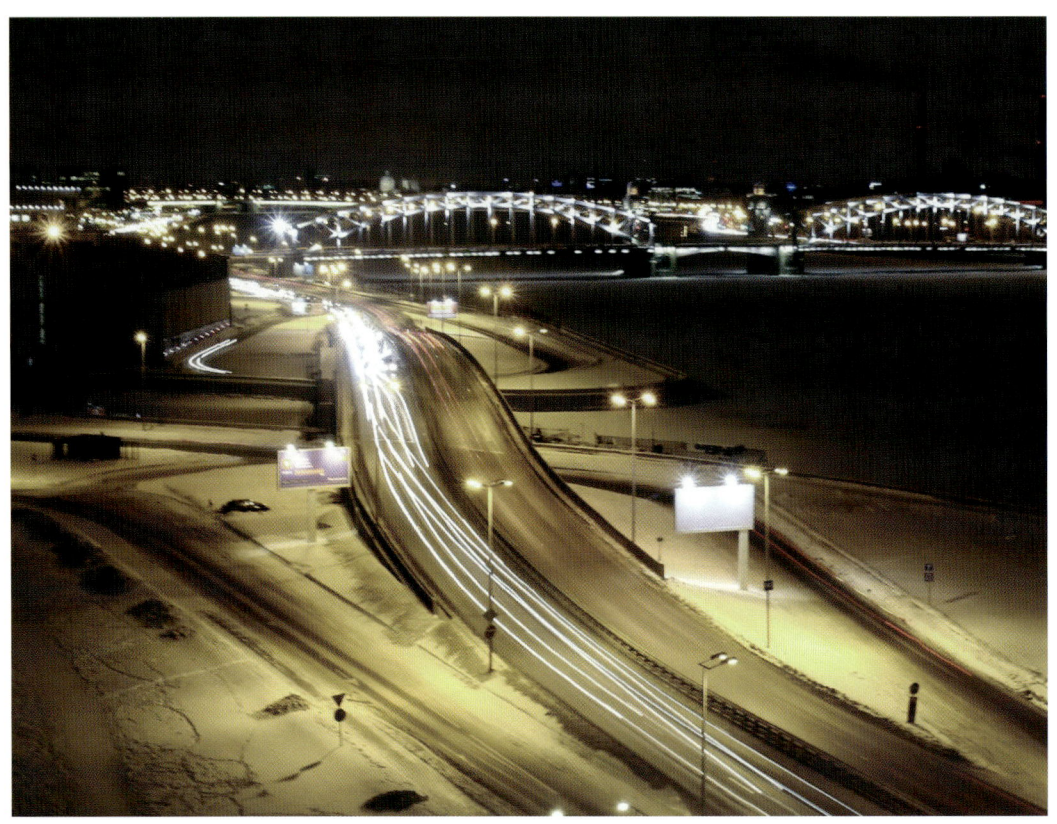

图 1-44　利用慢速快门在拍摄夜景保证照片曝光的同时将汽车尾灯拍出拖尾的效果

　　利用慢速快门将流水拍出雾化效果，如图 1-45 所示；利用慢速快门将喷泉拍出雾化效果，如图 1-46 所示。

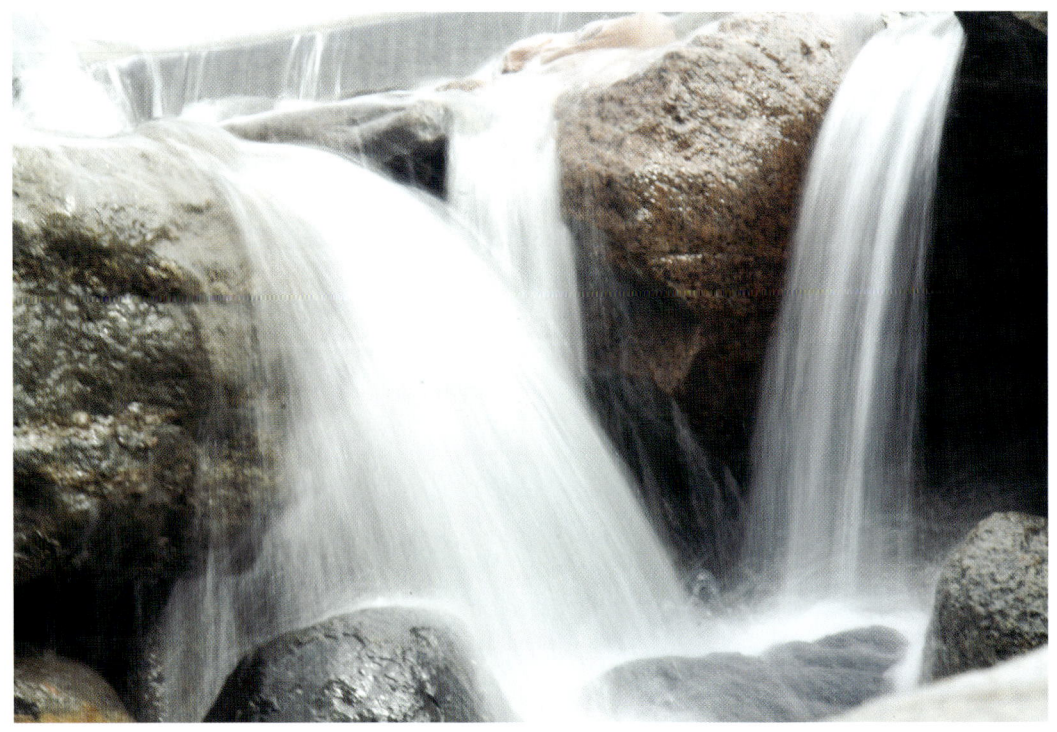

图 1-45　利用慢速快门将流水拍出雾化效果

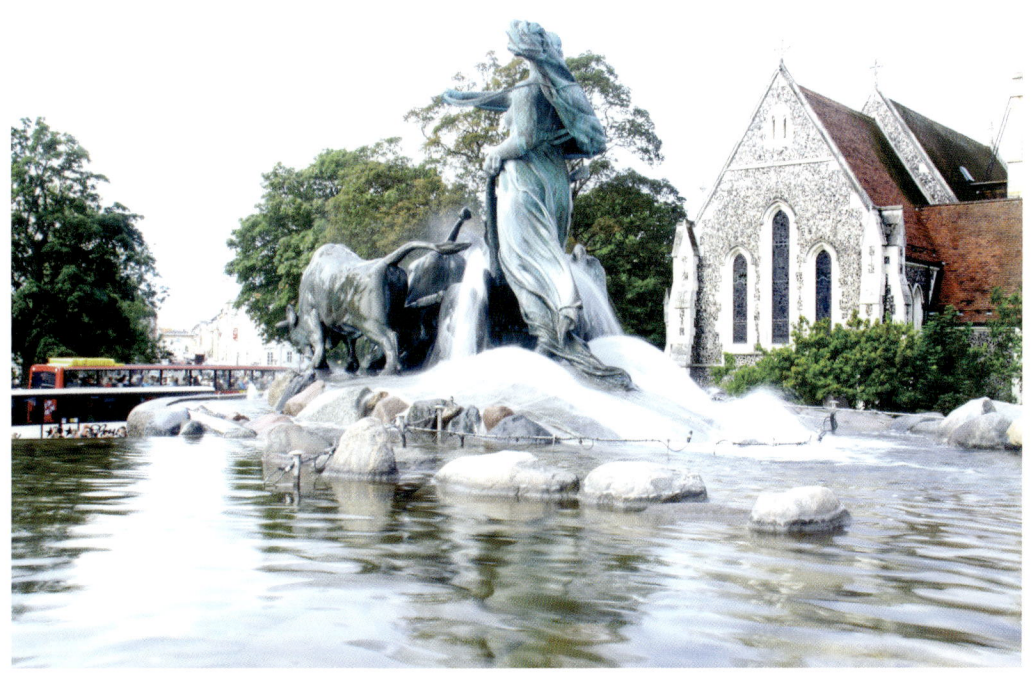

图 1-46　利用慢速快门将喷泉拍出雾化效果

利用慢速快门拍摄行走的路人，会产生动静对比的戏剧化效果，如图 1-47 所示。

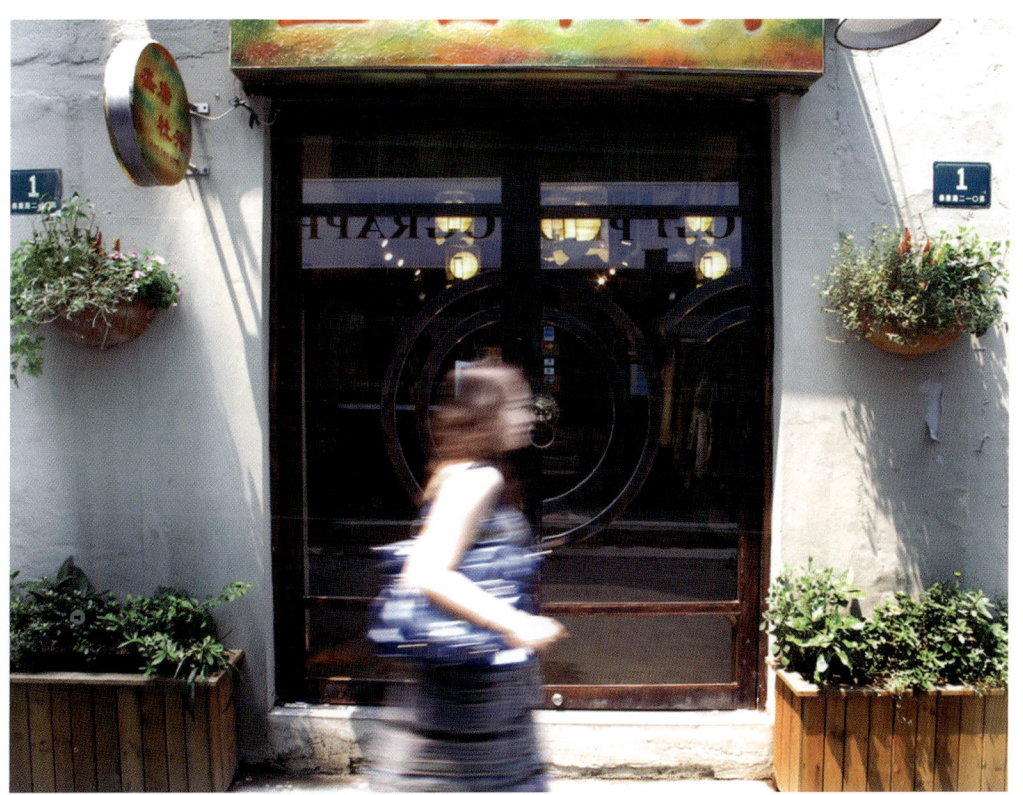

图 1-47　利用慢速快门拍摄行走的路人，会产生动静对比的戏剧化效果

利用高速快门，采用追拍方式（在曝光的同时跟踪被摄主体），保证被摄主体清晰的

同时画面还能呈现动态效果，如图1-48所示。

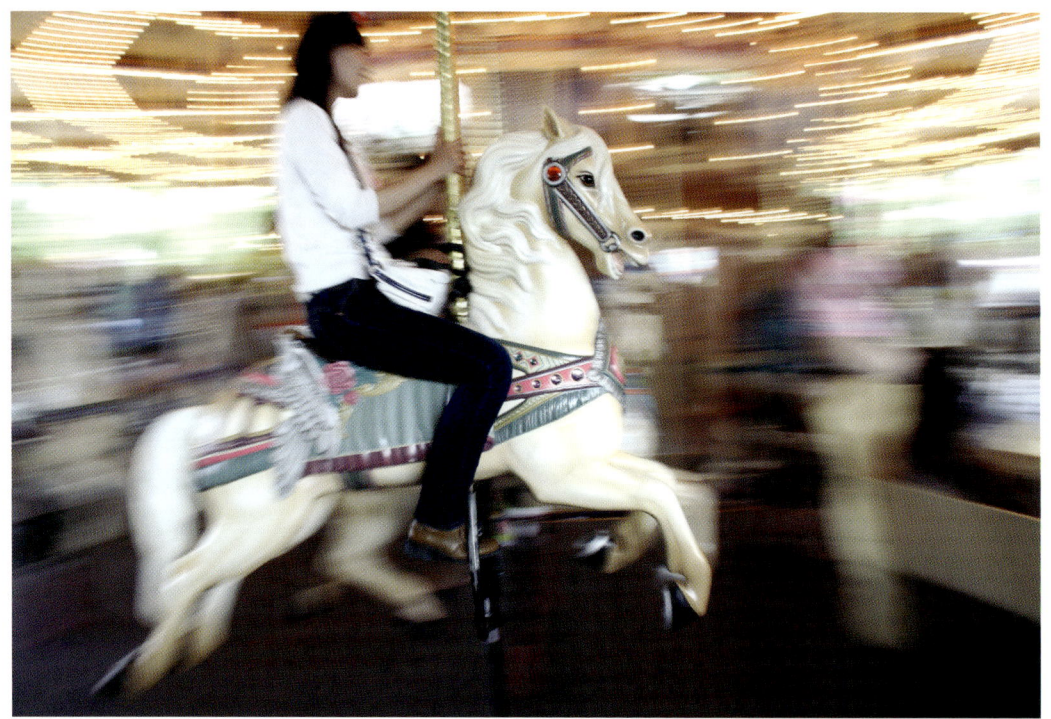

图1-48　利用高速快门，采用追拍方式，保证被摄主体清晰的同时画面还能呈现动态效果

（3）决定快门速度的因素。拍摄运动物体时，到底多快的快门速度能够凝固瞬间？在拍摄实践中要根据三个因素做出决定，它们是拍摄对象的运动速度、拍摄距离、拍摄对象的移动方向。

拍摄距离越近，拍摄对象在画面中的运动越剧烈，越需要高速快门拍摄；拍摄距离越远，拍摄对象在画面中的运动越不明显，对高速快门的依赖越小。除了拍摄距离和拍摄对象自身的运动速度以外，拍摄对象的移动方向也是决定快门速度的重要因素。当摄影师从取景框中观察到拍摄对象不同的移动方向时，快门速度对它们的意义也不尽相同。

2．光圈的原理及应用

1）光圈的功能

当摄影师按下快门时，数码相机位于感光元件前方的快门开启，此时，数码相机镜头中的光圈会按照摄影师设定好的光圈大小进行操作调节。

光圈开启的大小和快门速度的快慢共同决定了数码相机感光元件接收光线的多少，也共同决定了数码相机曝光值的大小。

由此可见，光圈的大小是决定数码相机曝光多少的重要因素。

相机镜头中的光圈机构如图1-49所示。

快门速度相同的情况下，光圈越大，进光量越多，感光元件接收的光线越多，照片看起来越亮，如图1-50所示。

快门速度相同的情况下，光圈越小，进光量越少，感光元件接收的光线越少，照片看起来越暗，如图 1-51 所示。

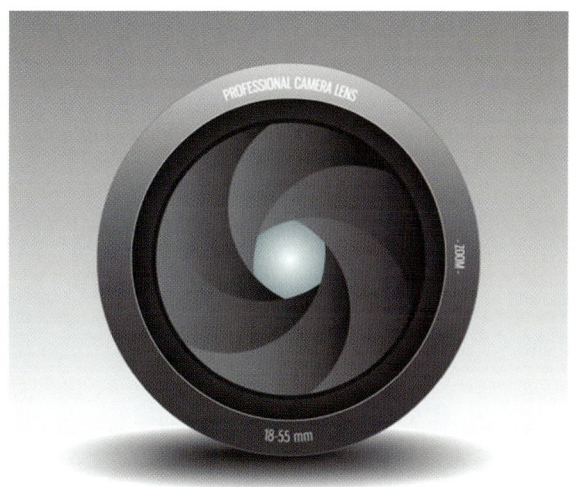

图 1-49　相机镜头中的光圈机构

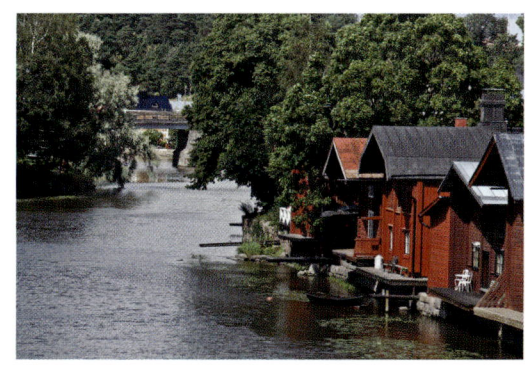
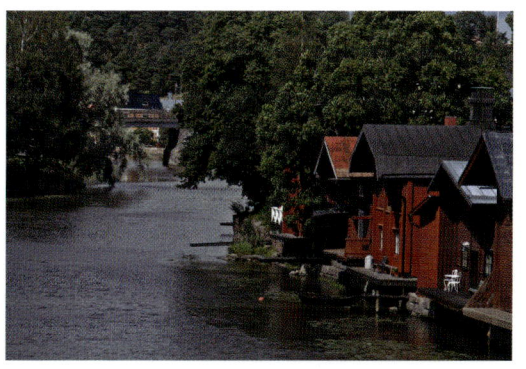

图 1-50　较亮的照片（光圈 F8，快门　　　　图 1-51　较暗的照片（光圈 F16，快门

1/400s，焦距 110mm，感光度 100）　　　　　1/400s，焦距 110mm，感光度 100）

2）光圈的工作原理

光圈是一个用来控制光线透过镜头，进入机身内感光元件的装置，它通常在镜头内。表达光圈大小通常用 F 值。对于已经制造好的镜头，不可能随意改变镜头的直径，但是可以通过在镜头内部加入多边形或圆形及面积可变的孔状光栅来达到控制镜头通光量的目的。光圈开启大小示意图如图 1-52 所示。

在学习光圈的相关知识时，最重要的是要牢记"光圈数值越小，光圈越大"这一规律。为了熟练使用数码相机完成操作，最好能将常见数码相机光圈范围即 F2.8 至 F22 之间的各挡光圈数值熟记下来，这会为日后的摄影创作带来极大的方便。与快门相同，相机厂商在设计相机光圈功能时也会在两挡光圈之间进一步细分一到两个快门挡位（见图 1-53），使拍摄时的曝光控制更加准确和便利。

3）光圈大小与相机成像质量的关系

光圈的大小除了决定照片的曝光量，还直接影响照片的成像质量。根据镜头的光学特

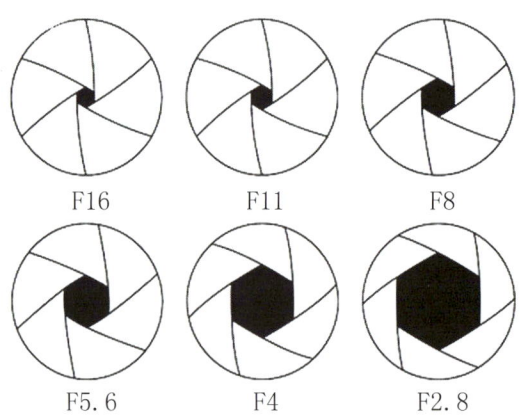

图 1-52　光圈开启大小示意图

F2.8		F4		F5.6		F8		F11		F16		F22
	F3.2	F3.5	F4.5	F5	F6.3	F7.1	F9	F10	F13	F14	F18	F20

（上行为光圈数值各挡位数值，下行为各光圈值 1/3 级分割级数）

图 1-53　两个快门挡位

性，当使用镜头的最大和最小光圈时，照片的成像质量都会产生不同程度的下降。这种照片质量的下降对于普通摄影爱好者来说可以接受，但对于那些对画质要求极高的职业摄影师来说，难以接受，影响明显。通常，数码相机镜头的最佳成像质量光圈值为 F8 或 F11。

4）光圈大小与景深的关系

光圈的大小除了决定相机的曝光量之外，还有一项非常重要的作用，就是决定整个画面的景深。大光圈相比小光圈而言，往往能产生较小景深的奇幻画面效果。

用大光圈拍摄花卉，景深小，虚化背景，突出主题，如图 1-54 所示。

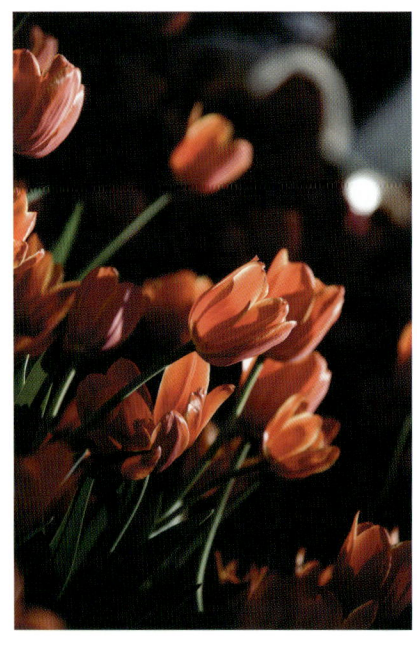

图 1-54　用大光圈拍摄花卉（光圈 F2.8，快门 1/200s，焦距 135mm，感光度 100）

3．景深的概念及其决定因素

1）景深的概念

当镜头聚焦于拍摄对象时，被摄物体与其前后的景物有一个清晰的范围，这个范围称为景深。通过对光圈功能的学习，我们已经知道，光圈是决定景深的重要因素之一。在其他条件相同的情况下，光圈越大，画面景深越小；光圈越小，画面景深越大。

使用小光圈完成拍摄，画面的景深比较大，如图 1–55 所示。

使用大光圈完成拍摄，画面的景深比较小，如图 1–56 所示。

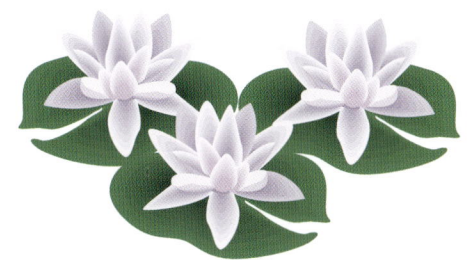 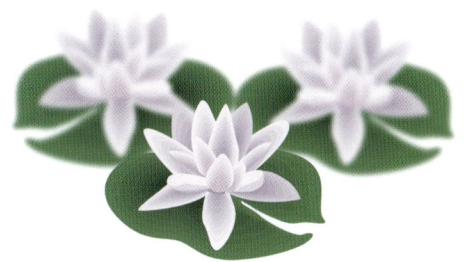

图 1–55　画面的景深比较大　　　　　　图 1–56　画面的景深比较小

2）决定景深的因素

决定景深的因素主要有三个，分别是光圈的大小、镜头的焦距和拍摄的距离。合理运用景深的三个决定因素，根据实际拍摄情况进行恰当的选择搭配，是一幅成功摄影作品诞生的关键。决定景深的因素如表 1–1 所示。

表 1–1　决定景深的因素

因　　素	影　　响
光圈	光圈越大，景深越小；光圈越小，景深越大
焦距	焦距越长，景深越小；焦距越短，景深越大
距离	相机与拍摄对象距离越近，景深越小；与拍摄对象距离越远，景深越大

使用光圈 F1.4 获得的浅景深效果，如图 1–57 所示。

使用光圈 F2.8 获得的浅景深效果，如图 1–58 所示。

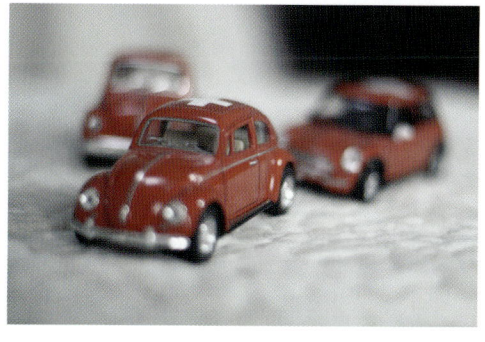 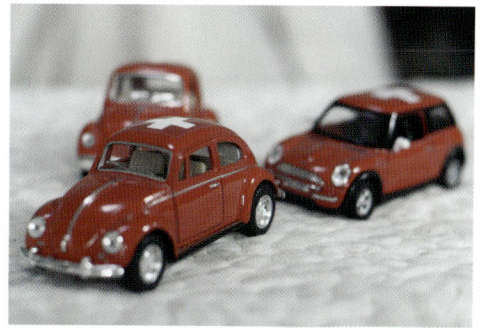

图 1–57　使用光圈 F1.4 获得的浅景深效果　　　图 1–58　使用光圈 F2.8 获得的浅景深效果
（光圈 F1.4，快门 1/400s，焦距 50mm，　　　　（光圈 F2.8，快门 1/100s，焦距 50mm，
　　　　感光度 400）　　　　　　　　　　　　　　　　感光度 400）

使用光圈 F5.6 获得的浅景深效果，如图 1–59 所示。

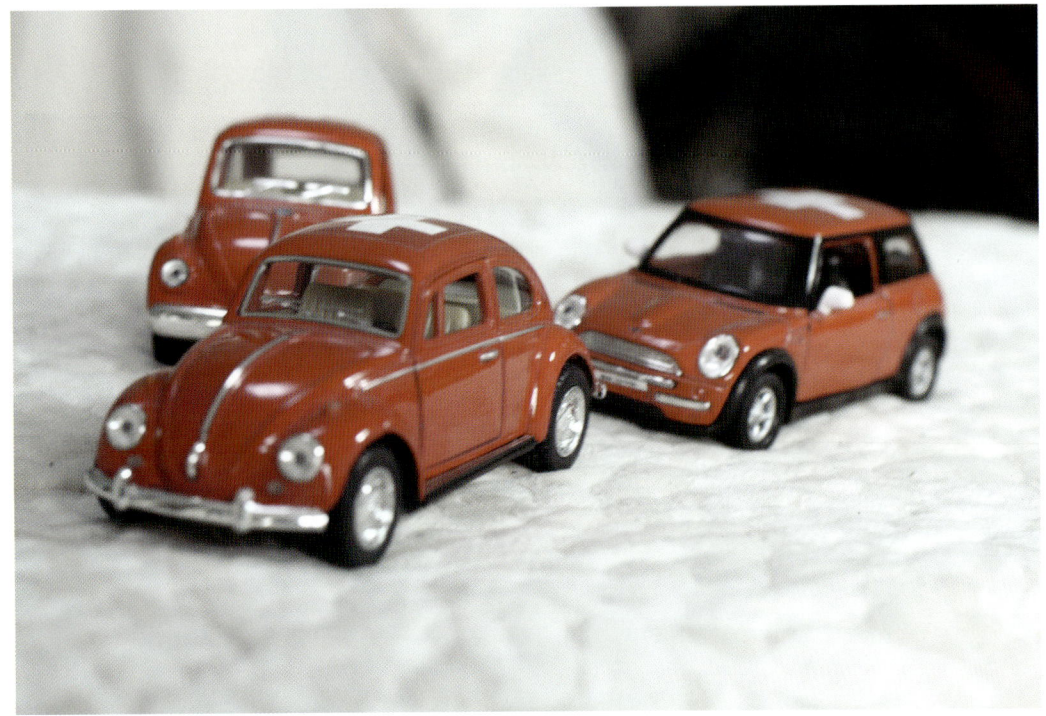

图 1–59   使用光圈 F5.6 获得的浅景深效果（光圈 F5.6，快门 1/25s，焦距 50mm，感光度 400 ）

利用长焦距镜头对主体进行远距离拍摄，获得的浅景深效果如图 1–60 所示。在微距摄影中，使用较大光圈近距离拍摄主体，获得的浅景深效果如图 1–61 所示。

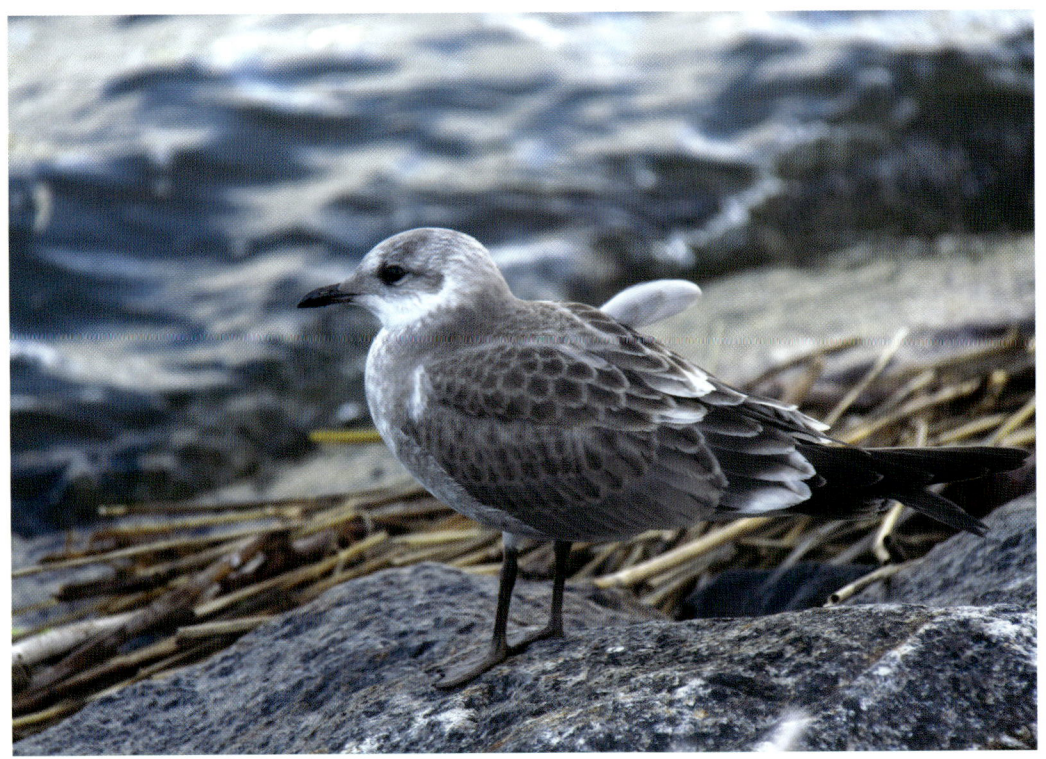

图 1–60   利用长焦距镜头对主体进行远距离拍摄，获得的浅景深效果

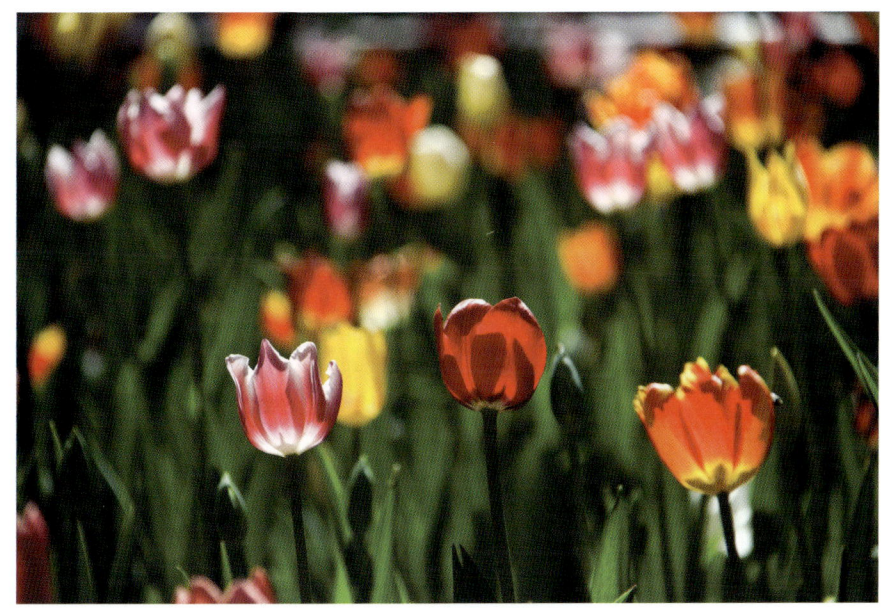

图 1-61　在微距摄影中，使用较大光圈近距离拍摄主体，获得的浅景深效果

3）景深大小与适用时机

浅景深效果可以很好地突出主体，让观众将目光焦点落到主体身上，而忽略背景，起到精简画面的作用。浅景深效果一般适合人像、静物等主体突出的摄影题材。

大景深更适合拍摄风景类题材，它能使画面从远到近都清晰，丰富画面内容，给观众意犹未尽的感觉。

简单的人像摄影经常采用大光圈，虚化背景，突出主体，如图 1-62 所示。

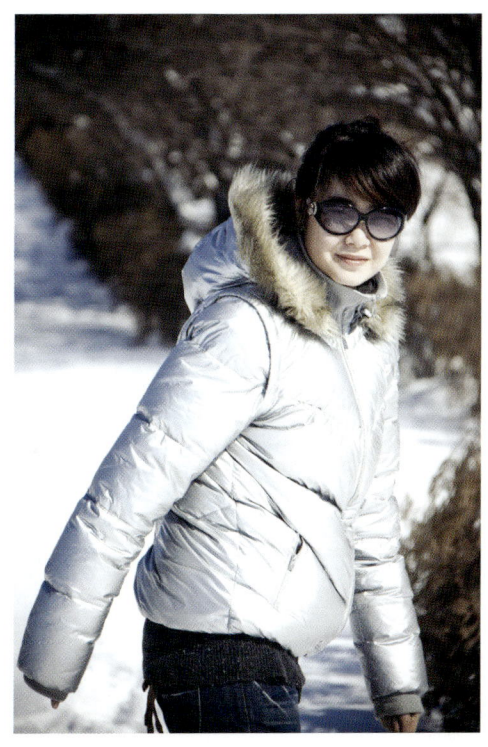

图 1-62　虚化背景，突出主体

风光摄影经常采用小光圈、大景深，使画面显得丰富，如图 1-63 所示。

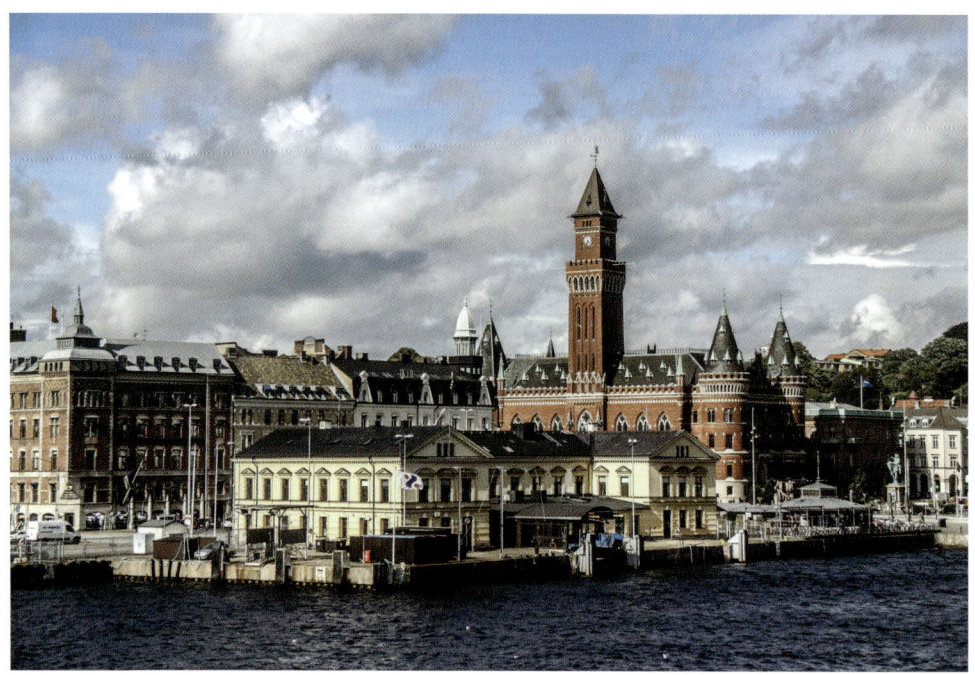

图 1-63　风光摄影经常采用小光圈、大景深，使画面显得丰富

4．感光度 ISO

1）感光度

感光度（ISO）指的是感光元件对光线感受的能力。感光度越高，拍摄时所需要的光线就越少；感光度越低，拍摄时所需要的光线就越多。

一般常见数码相机的感光度数值有 ISO50、ISO100、ISO200、ISO400、ISO800、ISO1600。高端的专业单反数码相机的感光度可以达到 ISO25600，甚至更高。

两个相邻的感光度数值中，大值的感光能力是小值的两倍，也就是说，ISO100 的感光能力是 ISO50 的两倍，ISO1600 的感光能力是 ISO800 的两倍。这里的计算方法，跟前面提到过的光圈和快门是一样的。所以，在换算曝光量时，可以把 ISO 代进去计算。

佳能 IDX Mark Ⅱ 单反数码相机感光度可扩展至 409600，如图 1-64 所示。

2）高感光度是把双刃剑

在光线比较弱的环境下进行拍摄时，往往因为曝光不足无法完美地表现照片的细节，或者因为曝光时间过长手发生抖动导致照片发虚。这个时候提高感光度可以帮助我们获得完美的曝光，而不需要借助闪光灯或大光圈的镜头。不过，它有一个让人难以忍受的缺点，就是感光体的感光度越高,所拍摄出来的相片粒子越粗糙,画面的噪点也会越多,如图 1-65 所示。

从图 1-66 所示的局部放大画面可以见到提高感光度对画面产生的负面影响。如果拍摄者追求画面的细致度及高品质，在拍摄时就尽量不要使用高感光度的设定。光线不足势必要拉长拍摄时间或是需要补光，这时闪光灯或三脚架就成了必备的工具。

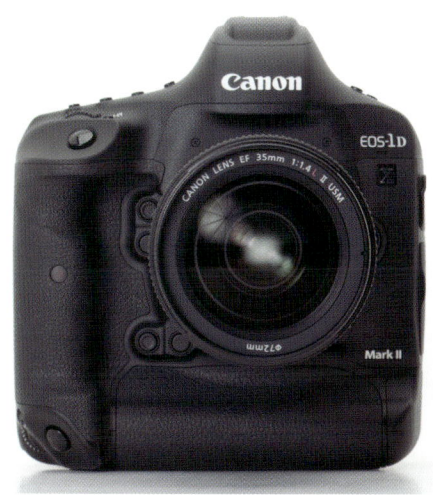

图 1-64　佳能 1DX Mark Ⅱ 单反数码相机感光度可扩展至 409600

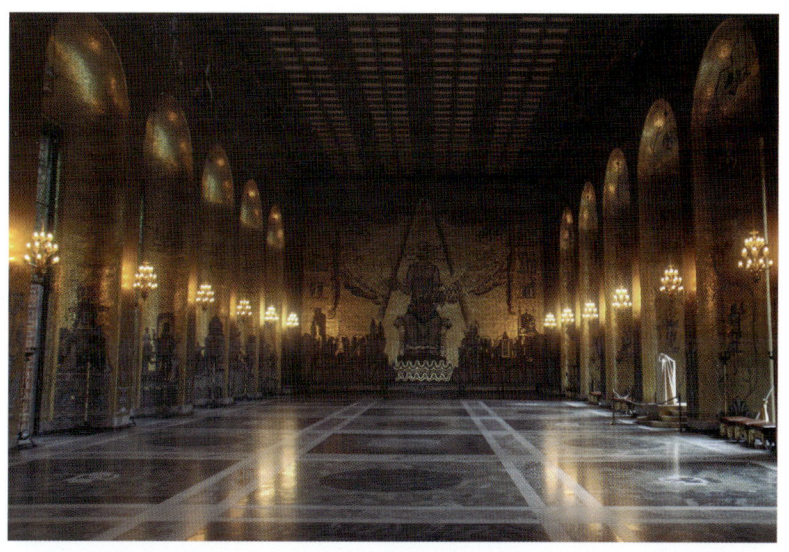

图 1-65　粗糙的相片（光圈 F8，快门 1/25s，焦距 24mm，感光度 800 ）

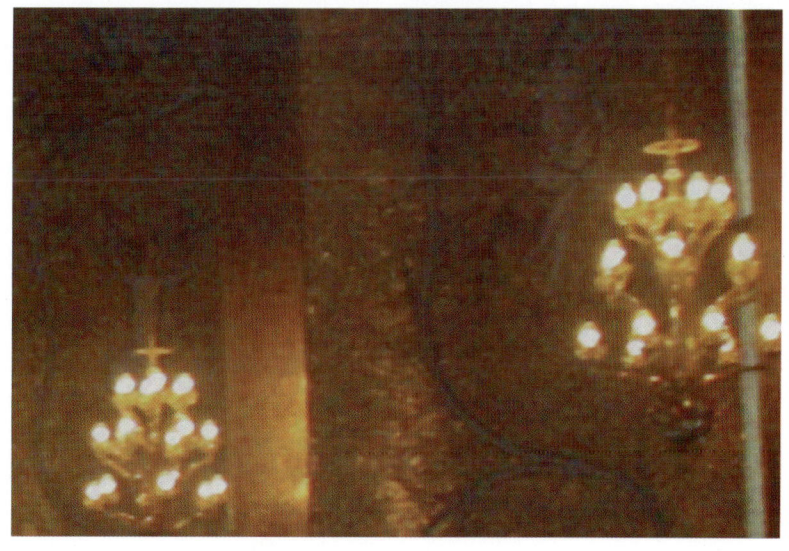

图 1-66　局部放大画面

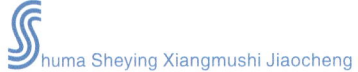

3）感光度与照片画面质量的对应关系

调高感光度可以提高相机的快门速度，一般会带来清晰的照片；但这种操作是要付出代价的，随着感光度的提高，照片的成像质量会逐渐下降。感光度与照片画面质量的对应关系如表1-2所示。

表1-2　感光度与照片画面质量的对应关系

感光度设置	低感光度	高感光度
画面锐度	高	低
色彩饱和度	色彩艳丽	色彩失真
噪点现象	轻微	严重
偏色情况	不偏色	偏色
层次过渡	过渡均匀	过渡生硬
画面反差	大	小

4）根据拍摄条件选择感光度

在博物馆或剧院等禁止使用闪光灯的场所进行拍摄，不得不禁用相机的闪光灯；在某些场景（室内或环境比较昏暗的场所）中如果使用了闪光灯，拍摄对象会反光，从而直接影响照片的成像质量。在不使用闪光灯的情况下要拍摄出效果好的照片，一个简单的方法是调节感光度。不同感光度的相片如图1-67所示。

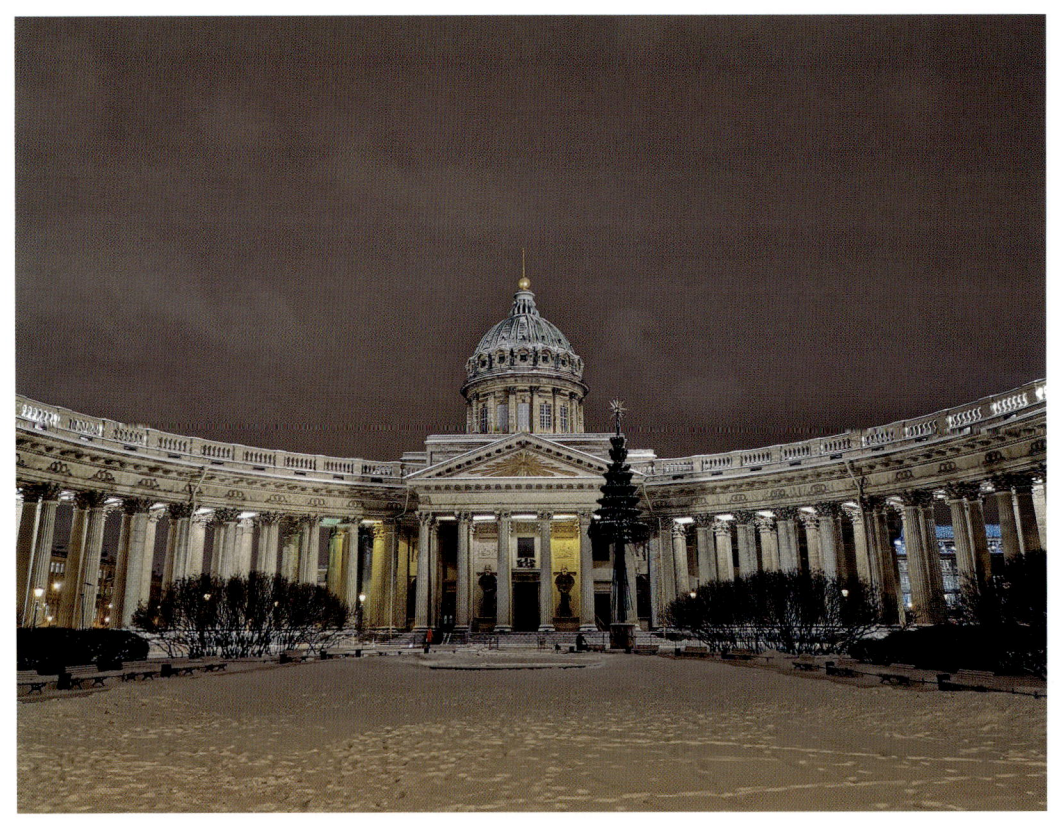

图1-67　不同感光度的相片

（光圈F8，快门1/30s，焦距24mm，感光度800）

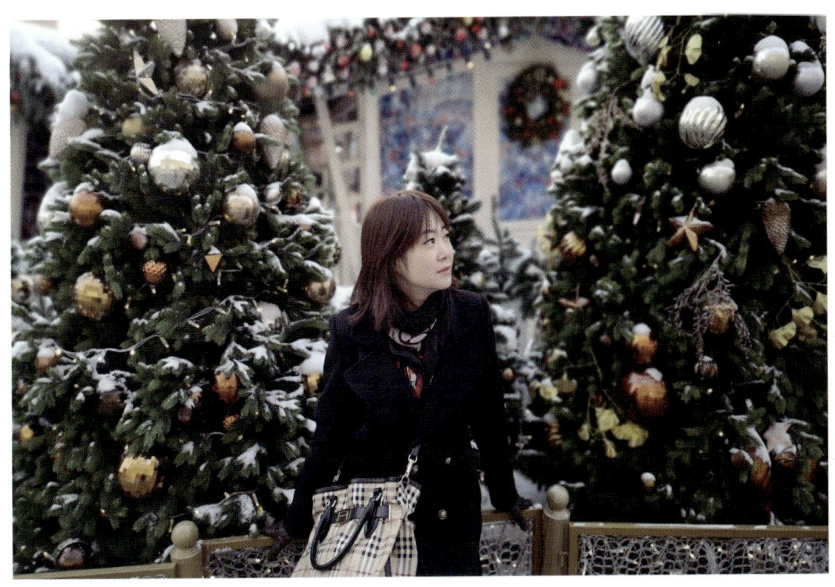

续图 1-67

（光圈 F2.8，快门 1/1000s，焦距 24mm，感光度 200）

二、数码相机的曝光模式

在进行拍摄时，为了得到正好的曝光量，就需要快门速度与光圈的正确组合。选择不同的曝光模式，可以帮助拍摄者在不同的环境下进行正确的曝光。以下就来介绍几种常见的曝光模式。

1. 程序模式（P）

在程序模式中，由相机根据环境自动选择快门速度和光圈。在快速摄影和抓拍等特定环境下使用程序模式比较方便，最后的曝光效果基本可以接受。程序模式（P）如图 1-68 所示。

在光线较充足、光线分布较平均的环境下使用程序模式也可以得到令人满意的照片，如图 1-69 所示。

2. 光圈优先模式（A 或 AV）

在光圈优先模式中，由拍摄者手动调定所需的光圈大小，再由相机自动选择相应的快门速度。显然，选用光圈优先模式进行曝光，不但有利于把握景深，而且有利于在光线变化比较大的环境中抓拍，所以 A 挡是许多影友优先选用的曝光模式。光圈优先模式如图 1-70 所示。

选用光圈优先模式进行曝光，有利于拍摄者对画面景深的把握，如图 1-71 所示。

3. 快门优先模式（TV 或 S）

快门优先模式是在手动定义快门速度的情况下通过相机测光而自动获取光圈值。快门优先模式多用于拍摄运动的物体，例如拍摄行人，快门速度只需要 1/125 s 就差不多了，而拍摄下落的水滴则需要 1/1000 s。快门优先一般用 TV 或 S 来表示。快门优先模式如图 1-72 所示。

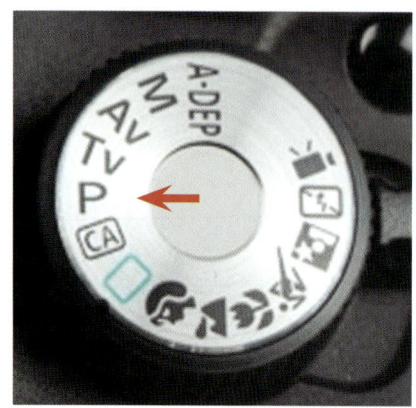

图 1-68　程序模式

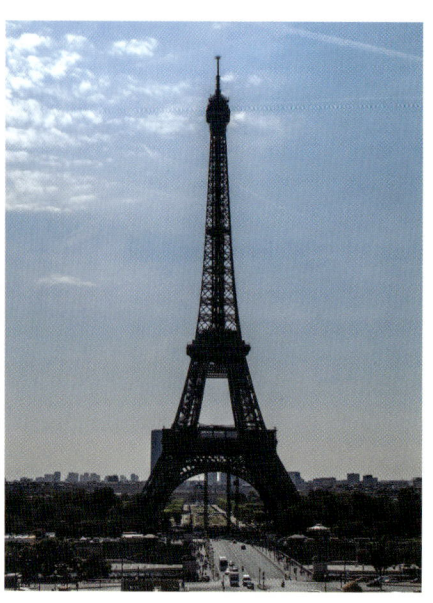

图 1-69　程序模式照片
（光圈 F4.5，快门 1/2000s，焦距 18mm，
感光度 100，曝光模式：P 挡）

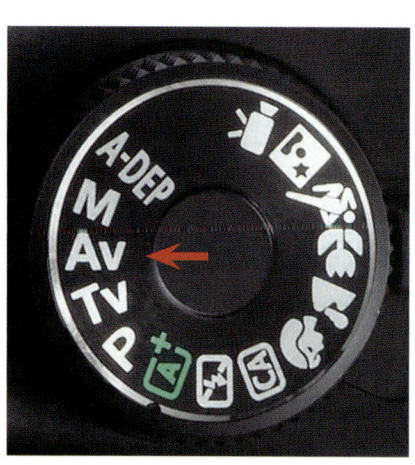

图 1-70　光圈优先模式

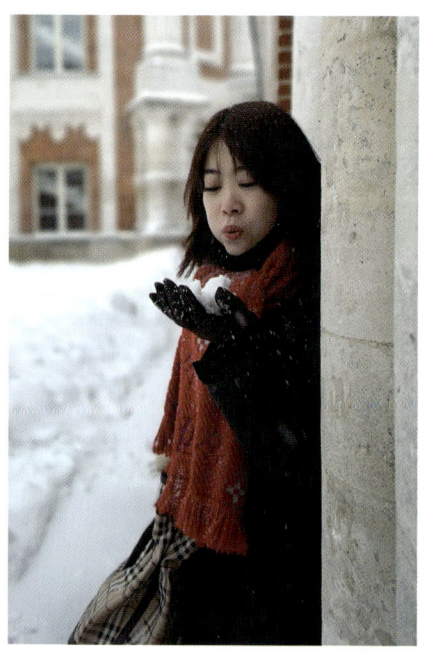

图 1-71　光圈优先模式照片（光圈
F2.8，快门 1/2000s，焦距 200mm，感光
度 100，曝光模式：AV 挡）

选用快门优先模式进行曝光，由拍摄者控制曝光时间，有利于对拍摄运动物体的把握，

如图 1-73 所示。

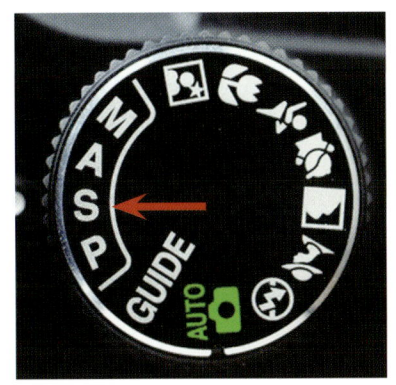

图 1-72　快门优先模式

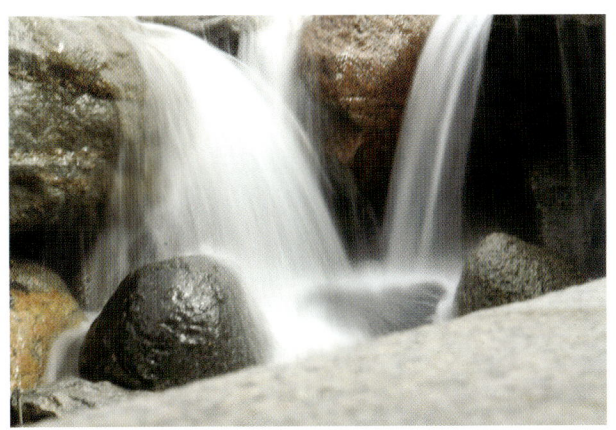

图 1-73　快门优先模式照片

（光圈 F5.6，快门 1/5s，焦距 100mm，感光度 100，

曝光模式：TV 挡）

4．全手动模式（M）

全手动模式是专业摄影师使用频率最高的一个曝光模式。拍摄者在使用 M 挡时，相机的测光、光圈、快门速度、ISO 这些都可以通过手动调整来获得完美的曝光组合，以达到摄影者想要的效果。

全手动模式如图 1-74 所示。

通过手动调整光圈、快门速度、ISO 来获得曝光组合，拍摄效果如图 1-75 所示。

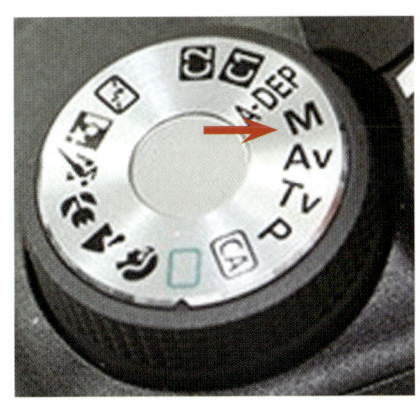

图 1-74　全手动模式

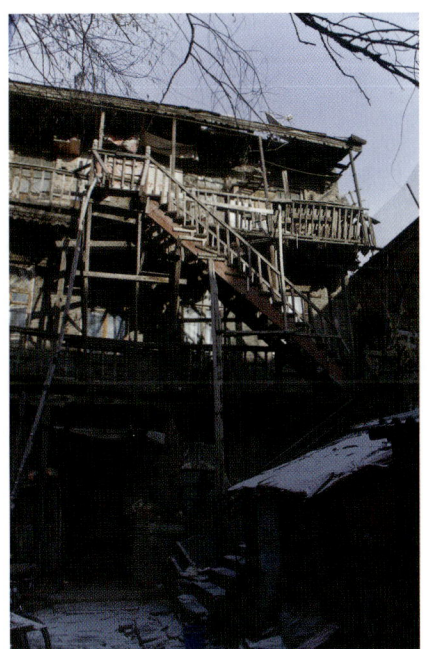

图 1-75　全手动模式照片

（光圈 F8，快门 1/1250s，焦距 18mm，感光度 100，

曝光模式：M 挡）

三、选择正确的测光模式

测光是指测量拍摄对象的亮度。数码相机根据拍摄对象的亮度调整快门速度和光圈以获得最佳曝光，亮度由照相机的内置测光感应器测量。在测光的时候，相机不是简单地测量画面的整体亮度，它会将画面分割成多个区域。测光模式决定相机测量拍摄对象亮度的画面区域及相机设定曝光的方式。

目前，主流数码相机所采用的测光模式，根据测光感应器对摄影范围内所测量的区域范围不同，主要包括点测光模式、中央部分测光模式、中央重点平均测光模式、平均测光模式等。测光模式如图 1–76 所示。

1. 点测光模式

使用点测光模式的相机的测光感应器仅测量画面中心很小的范围。摄影时将照相机镜头多次对准被摄主体的各部分，逐个测出其亮度，最后由摄影者根据测得的数据决定曝光参数。这种测光模式大多用于拍摄者希望将拍摄主体充分表现的情况。例如在光线均匀的影室内拍摄人物，许多摄影师就会使用点测光模式对人物的重点部位，如眼睛、面部或具有特点的衣服进行测光，从而着重表现，以达到突出主题的艺术效果。

采用点测光模式对人物的眼睛进行测光，效果如图 1–77 所示。

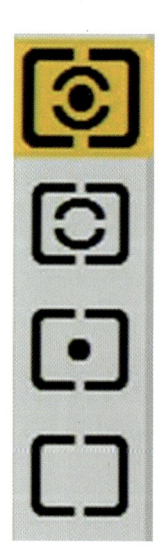

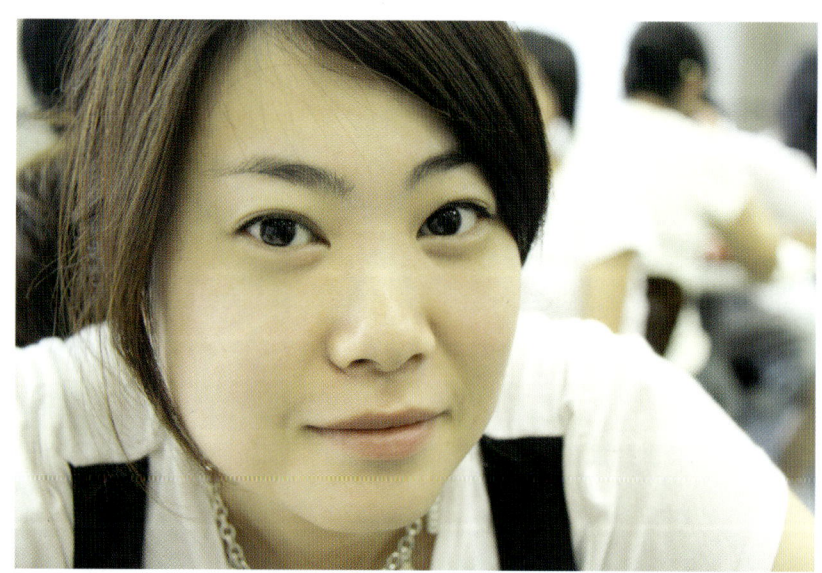

图 1–76　测光模式　　　　　　　图 1–77　采用点测光模式对人物的眼睛进行测光

2. 中央部分测光模式

使用中央部分测光模式时，相机的测光感应器对画面中心处约占画面 12% 的范围进行测光。中央部分测光模式适合一些光线比较复杂的场景，此时需要较准确的曝光。采用中央部分测光模式可以得到拍摄主体准确曝光的照片。

中央部分测光模式是为满足要求比较高的专业摄影人士的需求而设计的，它可在一些特殊的恶劣的拍摄环境中算出画面中主要表现对象部分所需要的曝光量。它的应用范围包括舞台等逆光场景。中央部分测光模式照片如图 1-78 所示。

3．中央重点平均测光模式

使用中央重点平均测光模式时，相机的测光重点放在画面中央（约占画面面积的 60%），同时兼顾画面边缘。它可大大减少画面曝光不佳的现象。几乎所有的相机生产厂商都将中央重点平均测光模式作为相机默认的测光模式。中央重点平均测光模式主要考虑到一般摄影者习惯将拍摄主体也就是需要准确曝光的事物放在取景器的中间，所以这部分拍摄内容是最重要的。

使用中央重点平均测光模式时，在画面出现高反差或色彩迥异的情况下，相机会对多个区域进行测光，并根据拍摄者的需要对某个区域进行重点测光，然后进行加权平均，这样所获得的图像很少有某个区域欠曝或过曝的问题出现，且对一些重点主体部位，也能很清晰地进行反映。因此，该模式非常适合拍摄各种具有大反差光照的风景或运动照片。中央重点平均测光模式照片如图 1-79 所示。

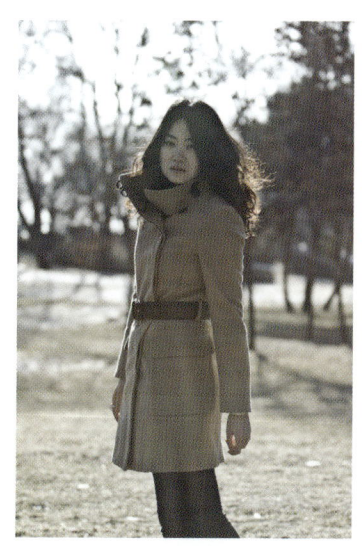 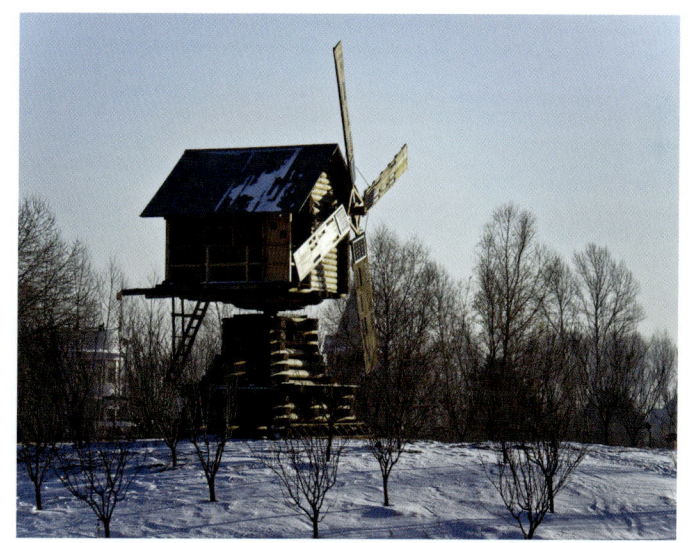

图 1-78　中央部分测光模式照片　　　　图 1-79　中央重点平均测光模式照片

4．平均测光模式

使用平均测光模式时，相机会测量整个画面的平均光亮度。该模式比较适合画面光强差别不大的情况，可以满足大多数情况下的测光需要。但问题在于，当环境光线复杂或光线亮度反差过大时，其所获得的测光数据，仅仅是一个平均数值而已，很容易出现图片暗部过曝而亮部欠曝的情况。利用这一测光特性，可以进行一些特殊效果的拍摄。平均测光模式照片如图 1-80 所示。

从被摄主体后面照射下来的强烈光线，可以将被摄主体变暗，背景变亮，明暗对比增大。在这种逆光状态下使用平均测光模式进行曝光，可以拍摄出人物剪影的动人效果，如图 1-81 所示。

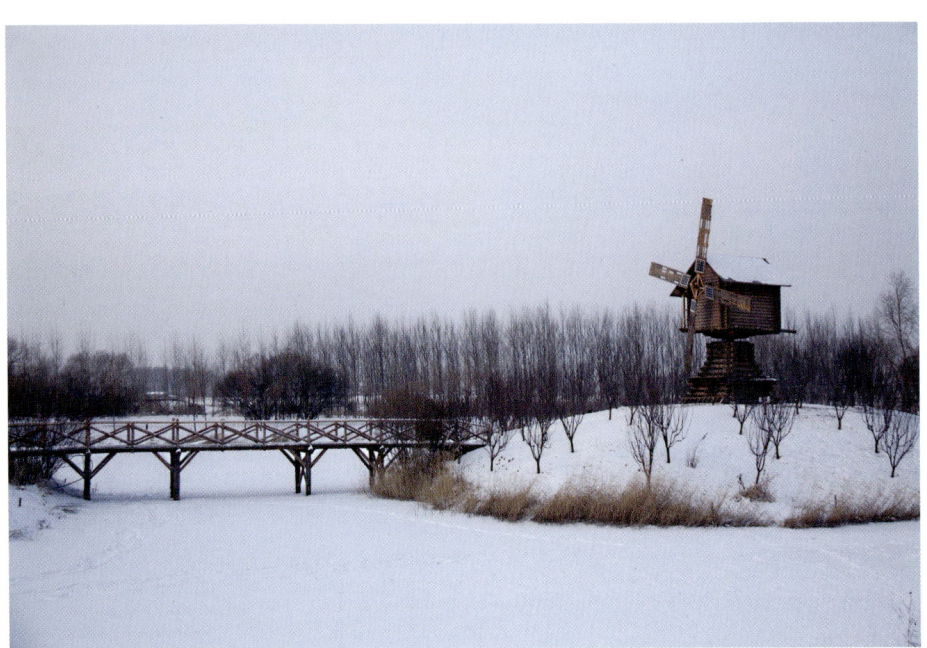

图 1-80　平均测光模式照片

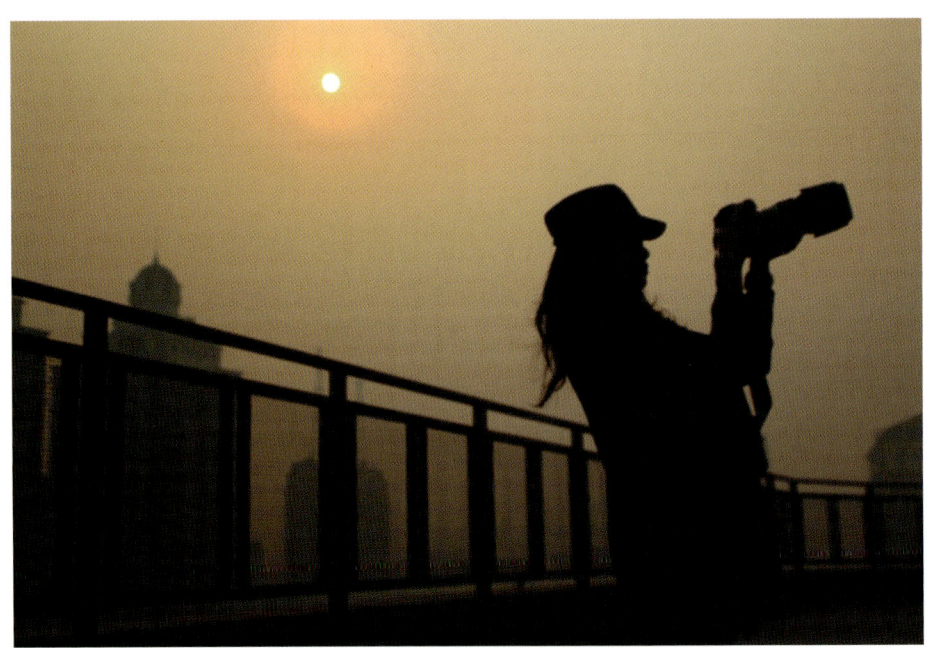

图 1-81　人物剪影的动人效果

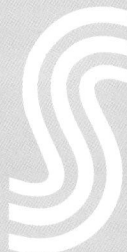

Shuma Sheying Xiangmushi Jiaocheng

项目二

数码摄影的拍摄技法

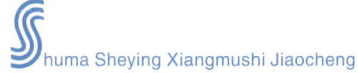

任务一　人　像　摄　影

一、人像摄影的概念

人像摄影是通过摄影的形式，用鲜明突出的形象表现被摄者相貌和神态的作品。它是被摄者的影像写真。人像摄影如图 2-1 所示。

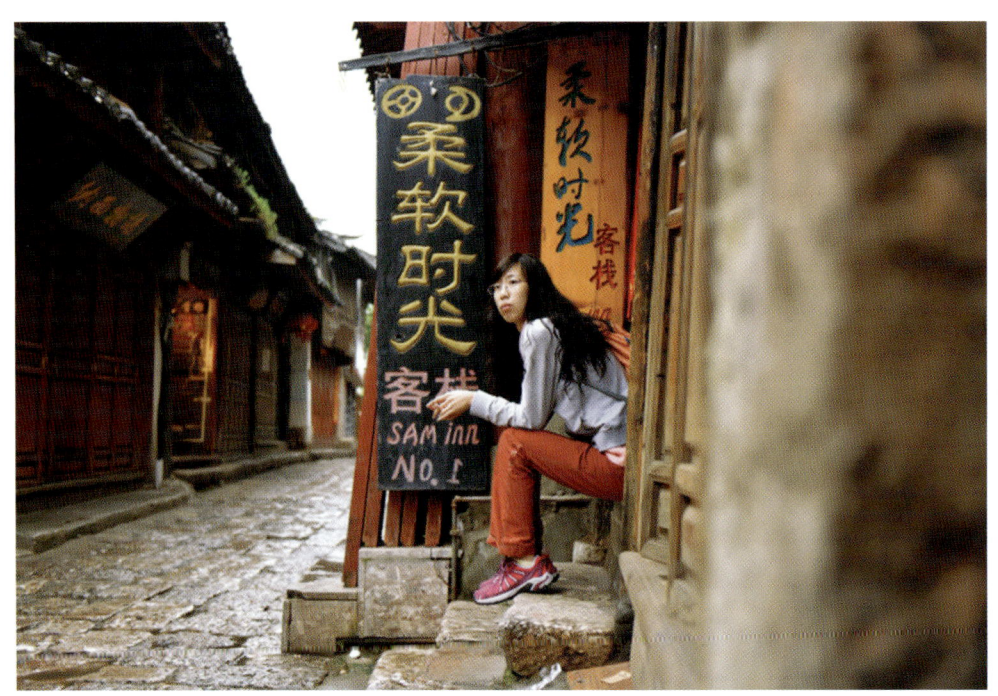

图 2-1　人像摄影一

二、人像摄影的特点

一幅优秀的人像摄影作品，是许多成功因素的总和。神情、姿态、构图、照明、曝光、制作均要达到较好的状态或较高的水平，它们是一个整体的组成部分。人像摄影如图 2-2 所示。

人像摄影与人物摄影不同。人像摄影以表现被摄者的具体相貌和神态为首要创作任务，虽然有些人像摄影作品也包含一定的情节，但它仍以表现被摄者的相貌为主，而且，相当一部分人像摄影作品只交代被摄者的形象，并没有具体的情节。而人物摄影是以表现有被摄者参与的事件与活动为主，以表现具体的情节为主要任务，而不在于以鲜明的形象去表现被摄者的相貌和神态。两者之间的重要区别在于是否具体表现人物的相貌。不管是单人的还是多人的，不管是在现场抓拍的还是在照相室里摆拍的，不管是否带有情节，只要是以表现被摄者具体的外貌和精神状态为主的照片，都属于人像摄影的范畴。那些主要表现人物的活动与情节，反映的是一定的生活主题，被摄者的相貌并不很突出的摄影作品，不管它是近景也好，全身也好，只能属于人物摄影的范畴。当然，从广义上来说，人像摄影属于人物摄影。

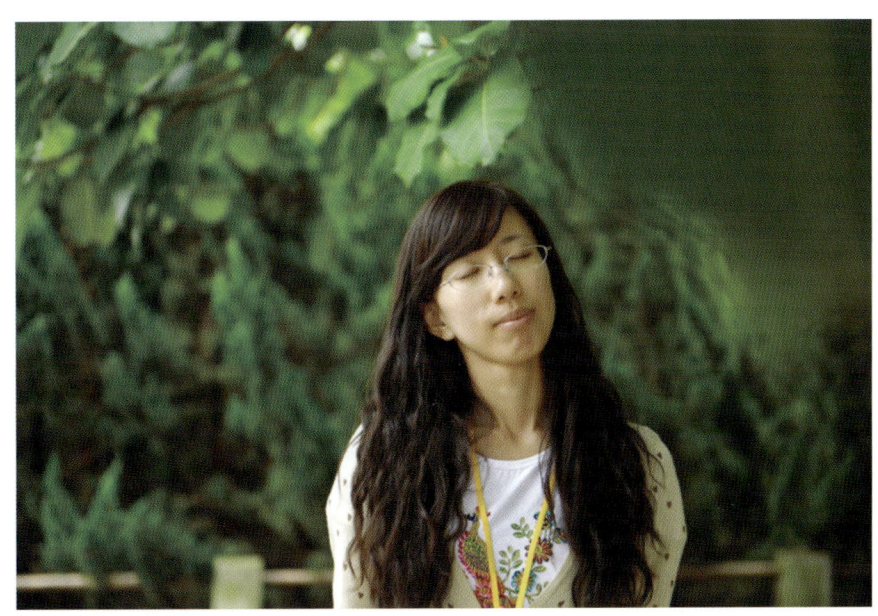

图 2-2　人像摄影二

三、人像摄影的器材选择

照相机的各种镜头，虽都能用于人像摄影，但严格说来，人像摄影的镜头应有以下选择。

1. 成像

人像摄影的镜头成像质量，既要结像清晰，又要有一定的柔和效果。因为人像摄影一般以表现脸部为主，镜头成像应达到层次丰富、质感真实、细节明晰、肤质滋润的要求。佳能 EF 50mm f/1.2L USM（镜头）如图 2-3 所示。

2. 焦距

一般相机上都装有标准镜头，即焦距近似所摄底片画幅对角线的长度。这种镜头，只宜拍摄全身或大半身照片。若用于拍摄半身人像或头像特写，由于距离太近，往往产生人像透

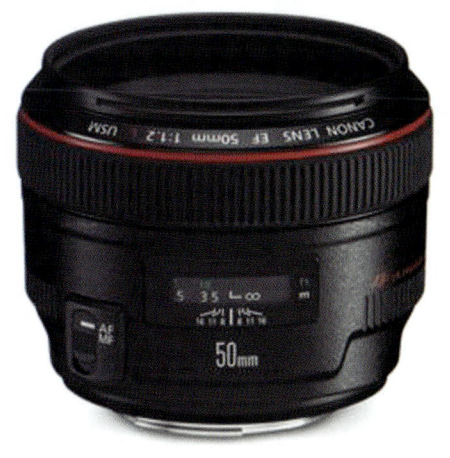

图 2-3　佳能 EF 50mm f/1.2L USM（镜头）

视变形，而且有的镜头如果在近于规定的摄影距离拍摄，就不能聚成清晰的焦点。所以，拍摄头像或特写，就要使用中焦或长焦镜头，其焦距一般是标准镜头的 2 倍。以 135 相机为例，镜头的焦距需在 105 mm 以上，这样，相机与人物的距离保持 1.5 m 以上，既能使焦点清晰，又可避免产生鼻大耳小等变形现象。在室内拍摄小合影照片，如果遇到不能退步移动的情况，就需要使用短焦距镜头（即广角镜头），但容易出现近大远小和两边的人物稍有变形的缺陷。

　　佳能 85 mm f/1.2L USM 如图 2-4 所示，佳能 EF 24-70 mm/2.8L USM 如图 2-5 所示，人像摄影如图 2-6 和图 2-7 所示。

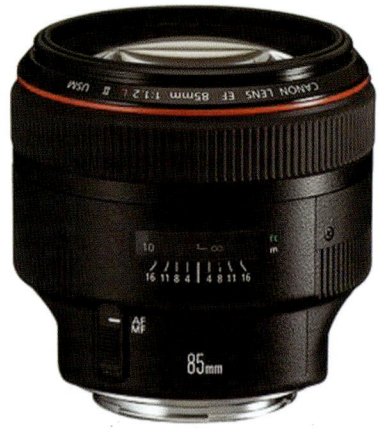 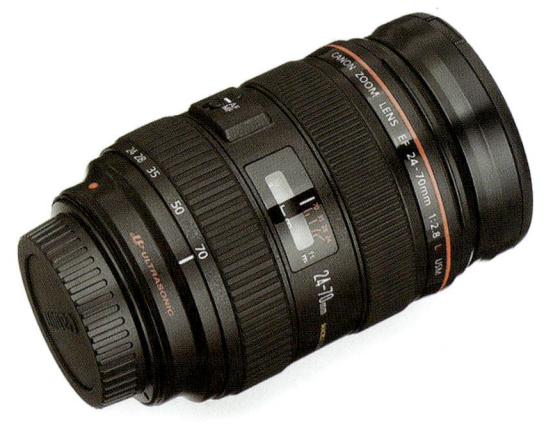

图 2-4　佳能 85mm f/1.2L USM　　　　　图 2-5　佳能 EF 24-70 mm/2.8L USM

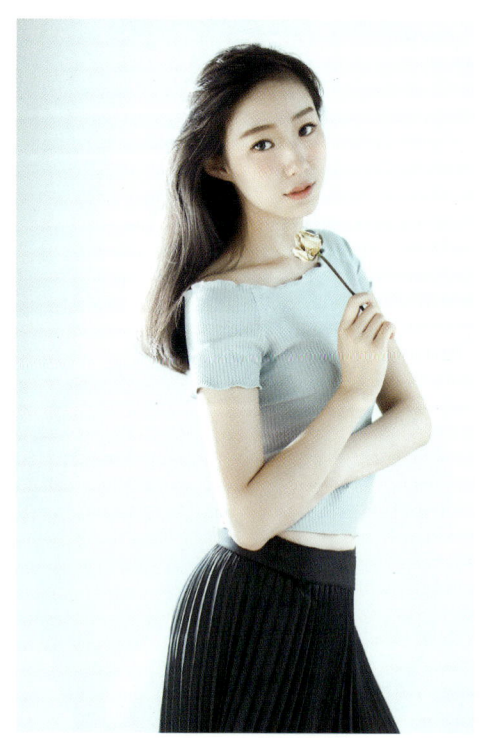 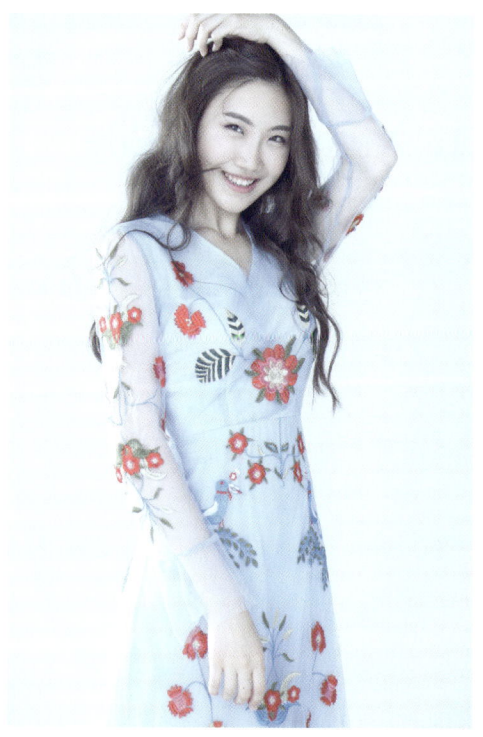

图 2-6　人像摄影三　　　　　　　　　图 2-7　人像摄影四

3．口径

拍摄半身人像和头像特写，镜头的有效口径以大为宜，以便使主体清晰，背景略模糊，增强远近空间透视感，从而突出主体。另外，镜头的有效口径大，在光线略暗而又没有闪光灯的情况下，拍摄动态人像，可使用较快的快门速度。

人像摄影如图 2-8 所示。

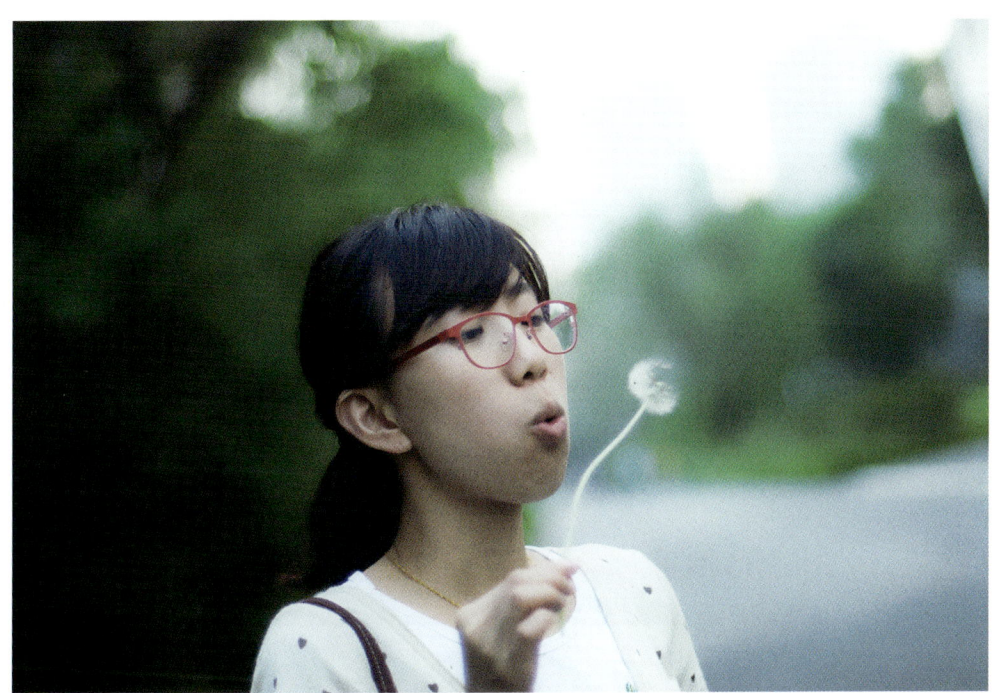

图 2-8　人像摄影五

四、人像摄影构图技巧

要学好人像摄影，初学者完全可以从构图方面来快速入门，构图相对于其他摄影技法来说，是比较容易掌握的。人像摄影构图主要取决于两个方面：一是被摄主体自身的表现力；二是需要摄影者有一定的创意和想法，并能够通过手中的相机，把被摄主体完美地表现出来。

1．人像摄影构图对象

1）特写

特写：画面中只包括被摄者的头部（或有眼睛在内的头部的大部分），以表现被摄者的面部特征为主要目的。特写时，由于被摄者的面部形象占据整个画面，给观众的视觉印象格外强烈，对拍摄角度的选择、光线的运用、神态的掌握、质感的表现等要求更为严格，摄影者应仔细研究有关摄影造型的一切艺术手段。

特写如图 2-9 所示。

无论是 135 相机还是 120 相机，用标准镜头拍摄特写都是比较困难的，也是不正确的。

因为用标准镜头拍特写必须离被摄者很近，在较近的距离拍摄人像时，鼻子到照相机的距离比额头、下巴、耳朵到照相机的距离近，在照片上鼻子显得大，容易扭曲被摄者的面部形象。同时，如果被摄者稍微低头，额头会显得大，下巴显得短；稍微仰头，就会下巴显得长，额头显得小。因此，最好用中长焦距的镜头拍摄，那样相机到被摄者的距离就可以稍远一些，避免透视变形。

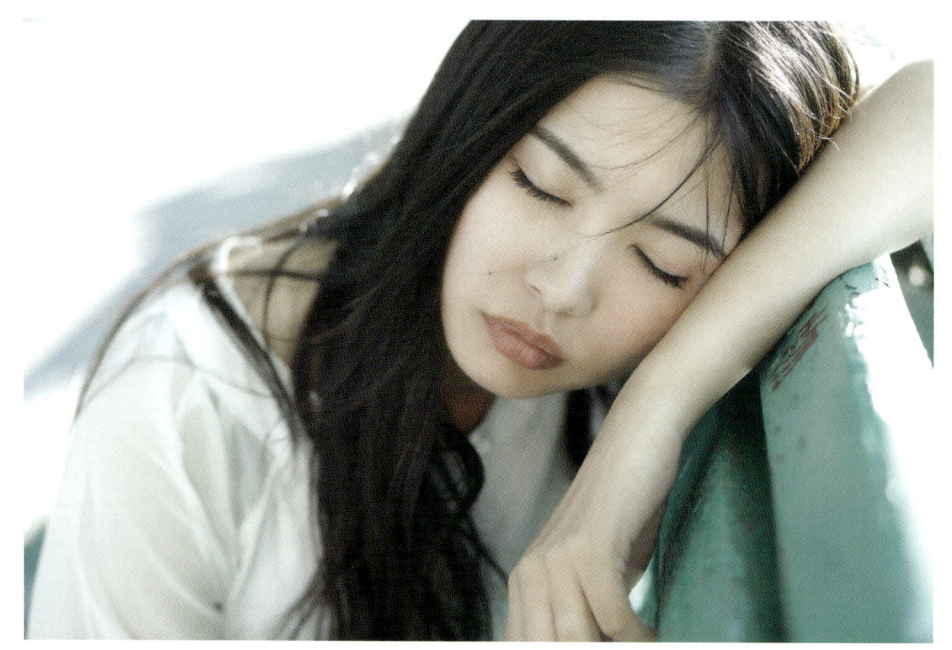

图 2-9　特写

2）近景人像

近景人像是包括被摄者头部和胸部的形象，以表现人物的面部容貌为主，背景环境在画面中只占极少部分，仅作为人物的陪衬。近景人像，也能让被摄者的形象给观众留下较强烈的印象。同时，近景人像的画面中包括一点背景，这点背景往往可以起到交代环境、美化画面的作用。拍摄近景人像，最好使用中长焦距的镜头。近景人像如图 2-10 所示。

拍摄近景人像，同样要仔细选择拍摄角度、光线的投射方向、光线性质的软硬，并注意观察被摄者的神态，掌握适当的拍摄时间。

3）半身人像

半身人像往往从被摄者的头部拍到腰部，或腰部以下膝盖以上，除以脸部面貌为主要表现对象以外，还常常包括手的动作。半身人像比近景人像或特写画面有了更多的空间，因而可以表现更多的背景环境，能够使构图富有更多的变化。同时，画面里由于包括了被摄者的手部，故可以借助手的动作展现被摄者的内心状态。有经验的人像摄影师对被摄者手的姿态和动作要求是十分严格的。

半身人像能够拍摄到人物的腰部或腰部以下，于是被摄者姿态的变化就丰富多了，也给画面的构图带来极大的方便，可以把被摄者拍得更生动。

半身人像如图 2-11 和图 2-12 所示。

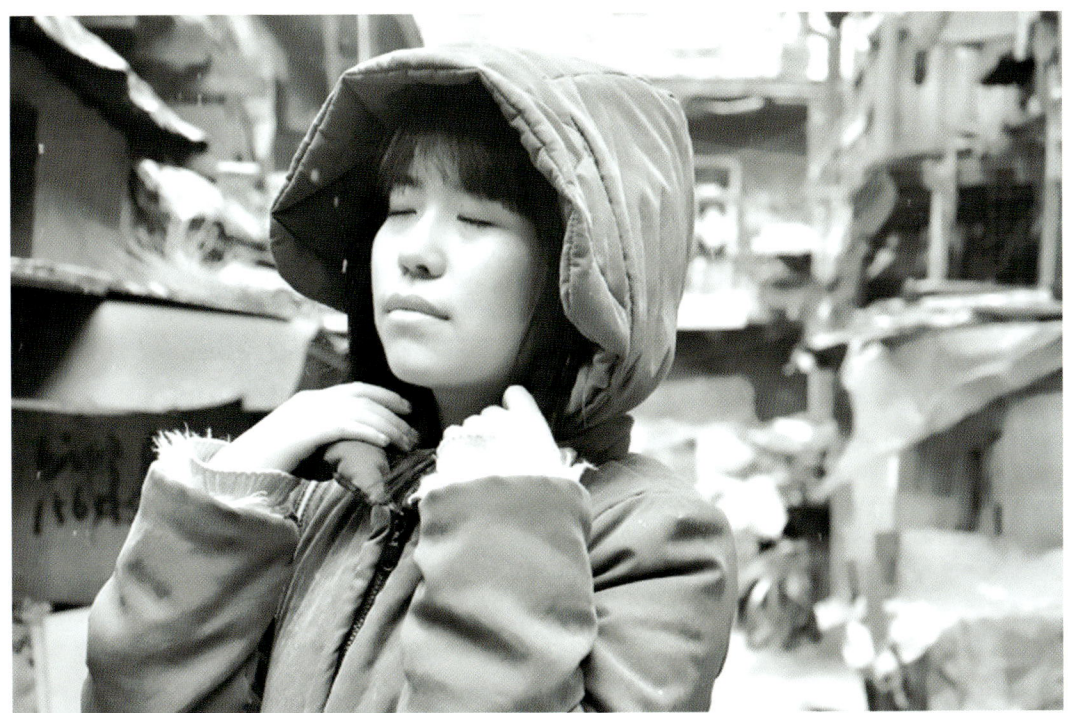

图 2-10　近景人像

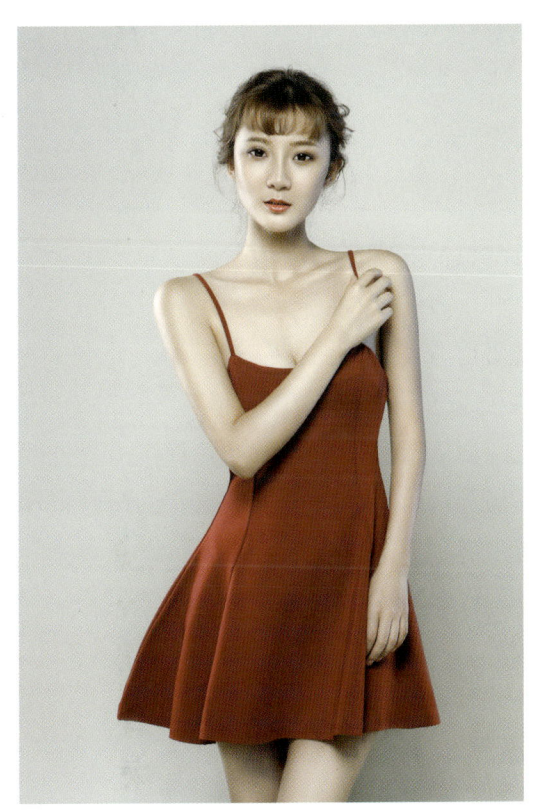

图 2-11　半身人像一

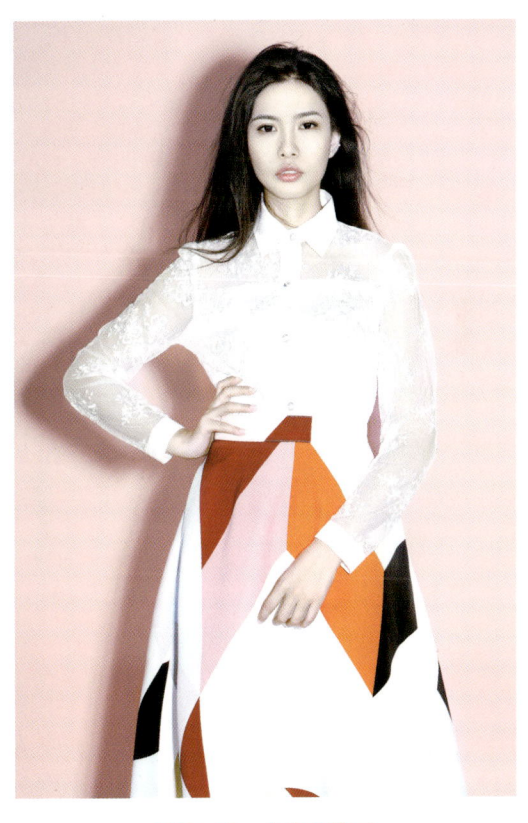

图 2-12　半身人像二

4）全身人像

全身人像包括被摄者整个的身形和面貌，同时容纳相应的环境，使人物的形象与背景环境的特点互相结合，都能得到适当表现。

拍摄全身人像，在构图上要特别注意人物和背景的结合，以及被摄者姿态的处理。

全身人像如图2-13所示。

2．几种常用的人像摄影构图

1）三分法构图

三分法构图最常用于拍摄人像，就是将画面分成"上""中""下"或"左""中""右"三部分。三分法构图的原理是人们的目光总是自然地落在一幅画面三分之二处的位置，将拍摄的事物放在这些位置，效果会比位于中心位置更好，更能吸引注意力。三分法构图照片如图2-14所示。

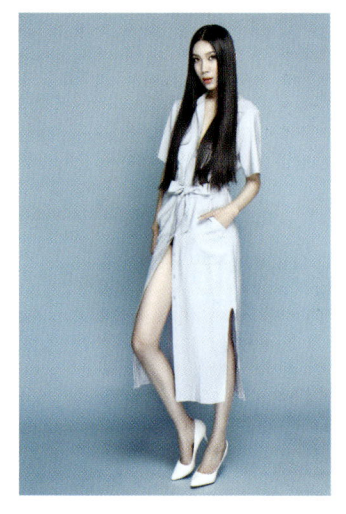

图2-13　全身人像　　　　　　　　　图2-14　三分法构图照片

2）三角形构图

将画面中所表达的主体放在三角形中或影像本身形成三角形的姿势。三角形构图是视觉感应方式，有形态形成的三角形态，也有阴影形成的三角形态。如果是自然形成的线形结构，可以把主体安排在三角形斜边中心位置上，以使构图有所突破；但只有在全景时使用，效果才最好。三角形构图，能产生稳定感，倒置则不稳定。三角形构图可用于不同景别的摄影，如近景人像、特写等。三角形构图照片如图2-15所示。

3）S形构图

S形构图能使画面中的优美感得到充分的发挥，体现曲线的美感。S形构图动感效果强，既动又稳，可用于各种幅面，可根据题材的对象来选择。从表现题材上讲，远景俯拍时使用S形构图效果最佳，如山川、河流、地势等自然的起伏变化，也可表现众多的人体、动物、物体的曲线排列变化。S形构图照片如图2-16所示。

4）对角线构图

对角线构图形式，因画面中有较为明显的物体轮廓的线条走向为右上、左下或右下、左上两个对角处而得名。这种构图形式富有动感，画面显得活泼，容易创造较深远的透视效果。对角线构图照片如图 2-17 所示。

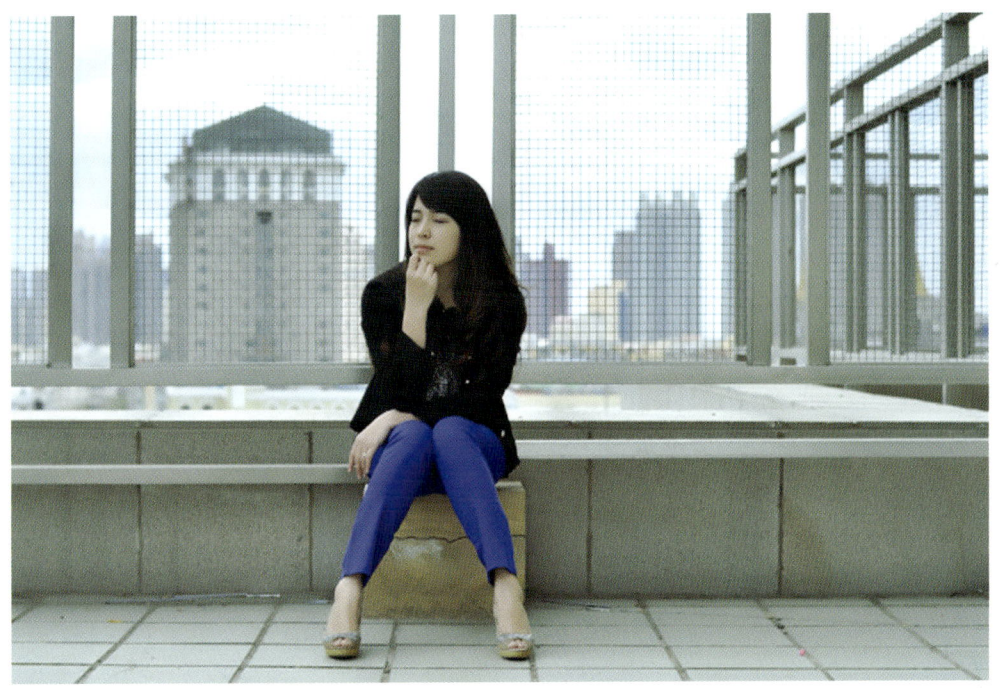

图 2-15　三角形构图照片

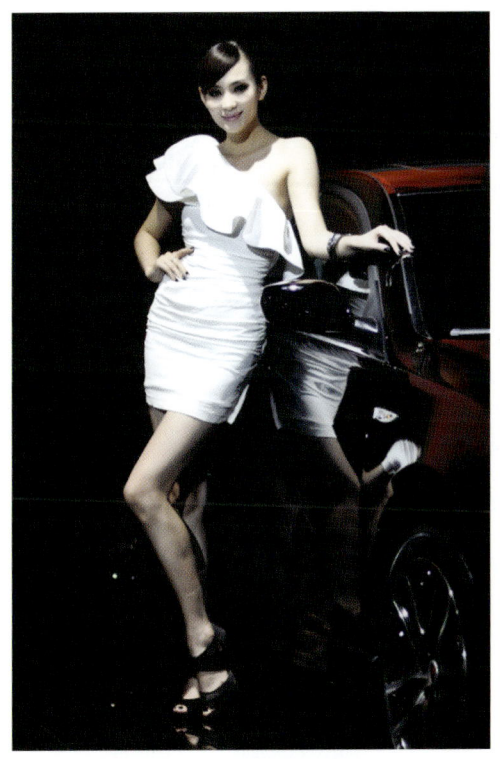

图 2-16　S 形构图照片

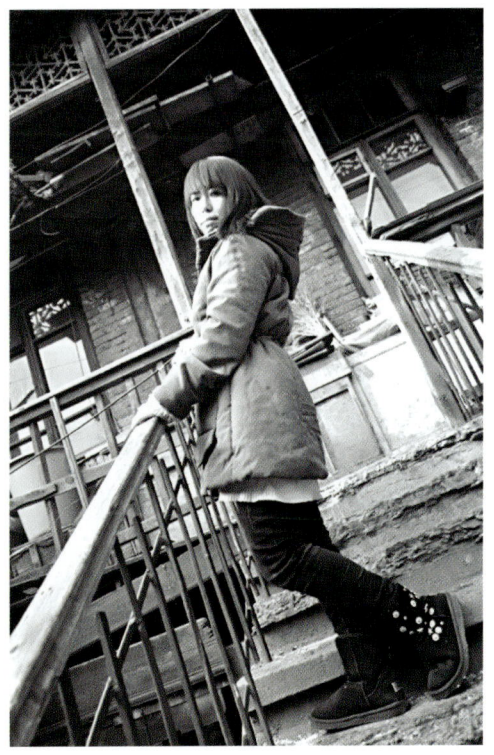

图 2-17　对角线构图照片

3．画面均衡

均衡是力学上的一个概念，应用于人像摄影构图，就是指画面中的被摄对象处于相对

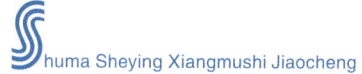

平衡状态，从而使人像照片能在视觉上产生稳定感、舒适感。为了把握人像摄影画面均衡，一般要注意以下几个方面。

1）人像头脸方面

人像摄影的头脸，在视觉上，脸部为重，后脑为轻。因此，拍摄侧面像时，影像需偏后一些，甚至后脑的后面可不留空间，使脸部前方空间大于后脑，这样既可给脸部视线以伸展的余地，又能保持画面的轻重平衡。但也有些表现"冲力"情节的题材，人像脸部前方空间小于后脑，让画面有失重之感，这是根据主题需要而做的特殊位置安排。

2）主体方面

在人像摄影不等式画面结构形式中，被摄对象俯、仰或倾斜等姿势，往往让人产生失重不稳的感觉。这时，可用主体自身的肩头、自身的手及与主题有关的书、花、茶杯、扇子等陪衬物体做"衬垫"，使失重的主体变得稳重。

3）主体与陪衬方面

有景物做陪衬的人像摄影题材，在视觉上，人像为重，景物为轻。为此，可将人像所占空间的面积安排得小些，将景物占有的空间安排得大些，以取得画面均衡的效果。例如，拍摄人像写字的半身场景，其中较大面积的人像，可安排偏于一边，与此相应，在桌子的另一边，可放置墨水瓶或砚台等对象，使画面保持均衡。

4）明暗深浅方面

人像摄影构图中，明暗深浅在视觉上的轻重有所不同，一般以深色为重，浅色为轻。通常，可用小面积的深色块面与大面积的灰色或浅色块面进行平衡。如遇某一部位太深或太浅，轻重不够协调，可在太深的部位选择浅色的景物做"衬垫"，也可在太浅的部位选择深色的景物做"衬垫"。但要严格注意，深底浅景与浅底深景，都要有一定的对比度，才能起到增减重量、平衡画面的作用。

5）色彩方面

不同的色彩，视觉分量也不同。通常，暖色、艳色为重，冷色、晦色为轻。其平衡的规律，也要以小块面的暖色或艳色对应大块面的冷色或晦色。例如：人像脸部小块面的暖色周围，可安排块面较大的冷色；当拍摄暖调人像照片时，应尽可能使脸部肤色鲜艳，而将周围的暖色处理得晦暗些，既便于突出主体，又可使画面得到色彩均衡。

4．画幅格式

拍摄人像所遇到的一个问题是采取什么样的画幅格式。人像摄影的画幅格式，常见的是竖幅格式与横幅格式。除此以外，也可以是圆形。采用哪种格式为好，要考虑两个方面的因素。

（1）要根据被摄者的情况、姿势和背景环境的特点确定画幅格式。拍摄一个人的全身像，大多数情况下要采用竖幅格式；拍摄两个人的近景，往往要用横幅格式；而拍摄许多人的群像，几乎都选用横幅构图。这是针对被摄者的情况而言的。竖幅人像摄影如图2-18和图2-19所示。

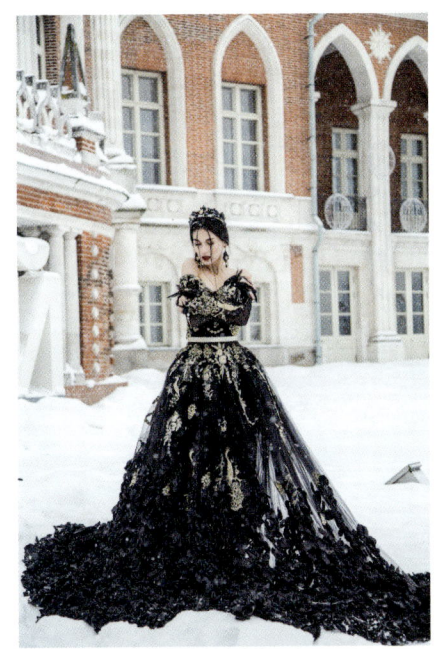

图 2-18 竖幅人像摄影一

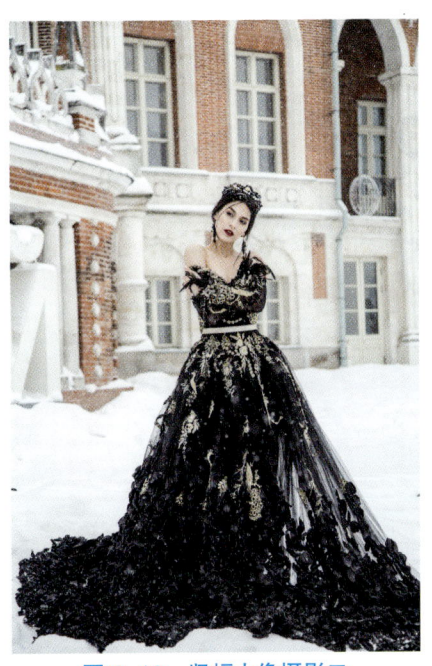

图 2-19 竖幅人像摄影二

同时，在确定画幅格式时，还要考虑被摄者的姿态。以全身人像为例，尚若被摄者倚卧在草坪上、海滩上，恐怕就不能用竖幅格式，而只宜取横幅构图形式了。横幅构图形式照片如图 2-20 所示。

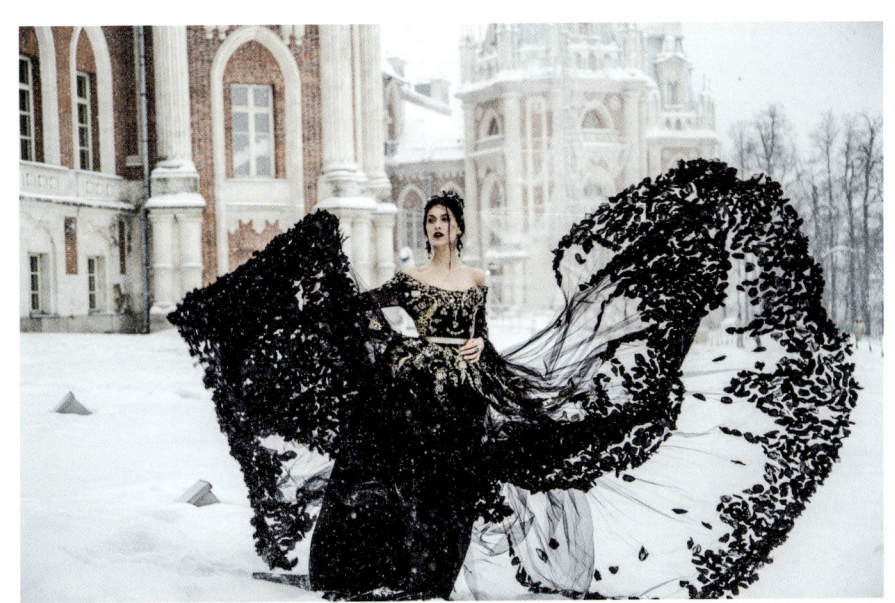

图 2-20 横幅构图形式照片

此外，还要考虑背景情况，根据背景的特点选择适当的画幅格式。比如，同样是半身人像，以浩瀚大海为背景往往采用横幅格式，以参天青松为背景则常常选取竖幅格式，这是显而易见的。

（2）可以根据摄影者的意图，适当地选用不同的画幅格式。比如，拍摄特写和近景人像，常常可以根据摄影者的审美观和主观意愿而采取横幅或竖幅的构图形式。人像摄影如图 2-21 所示。

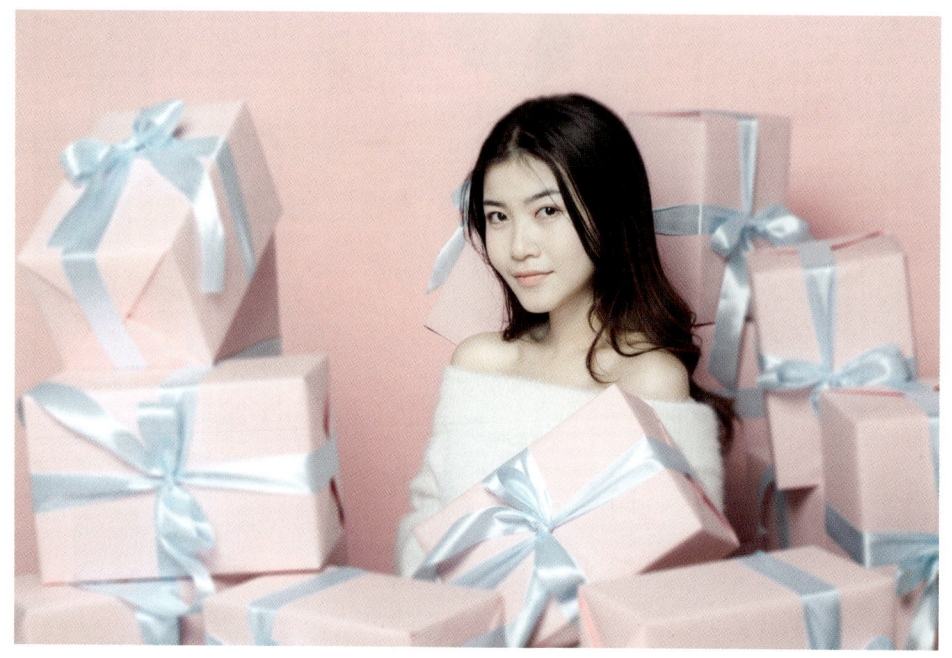

图 2-21　人像摄影六

前面已经说过，人像摄影的画幅格式，不仅有横、竖两种，而且有其他的形式，如正方形、圆形、菱形、扇面形等。即便是长方形，其长边与短边的比例也可以有某些变化。这些不同的格式，只要运用适当，都会给人像画面带来丰富的变化。

五、光线的运用

在拍摄过程中，光线的照射方位不同，其产生的画面效果也不同。光线按照射方向的不同，大致上可以分为顺光、侧光、逆光和顶光。

1．顺光

顺光是最常见的光线照射条件。顺光的照明方向与相机的拍摄方向是一致的。因此，在实际的拍摄中，顺光的利用率较高。由于光线的直接投射，顺光照明均匀，阴影面少，并且能够隐没被摄体表面的凹凸不平，使被摄体影像更明朗。但是顺光难以表现被摄体的敏感层次和线条结构，从而容易导致画面平淡。顺光照片如图 2-22 所示。

2．侧光

侧光是指光线的照射角度和摄影者的拍摄方向基本呈 90°角。侧光在摄影创作中主要应用于需要表现强烈的明暗反差或展现物体轮廓造型的拍摄场景。当运用侧光拍摄人物主体时，经常会产生阴阳脸的效果。此时，可以考虑利用反光板等反光物体来对人的面部暗处进行一定的补光，以减轻脸部的明暗反差。在表现有个性的人物或表现男士的阳刚之气时，摄影者经常会用到侧光。侧光照片如图 2-23 所示。

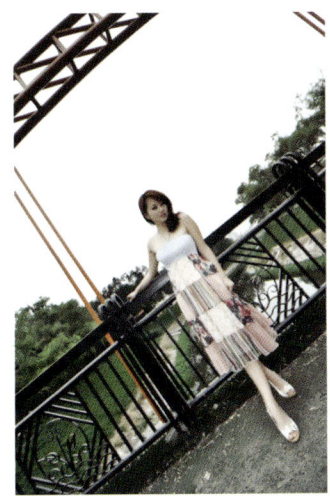

图 2-22　顺光照片

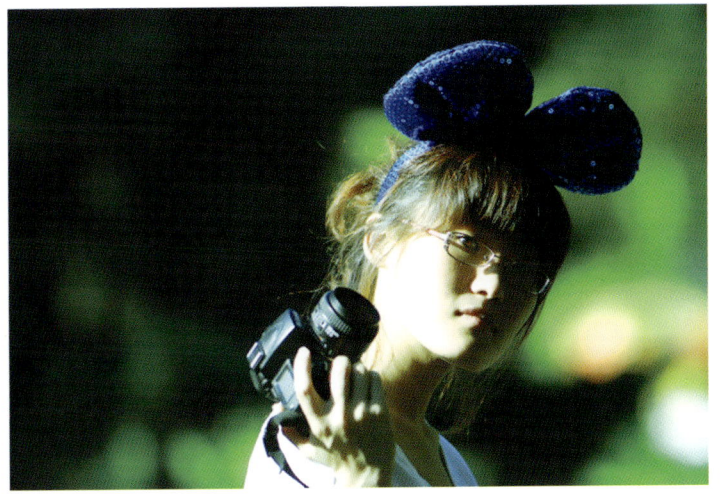

图 2-23　侧光照片

3. 逆光

逆光就是从相机正前方、被摄体正后方照射的光线。逆光照明下，被摄体只有边缘部分被照亮，形成轮廓光效果，这对表现景物的轮廓特征及把物体与物体、物体与背景区别开来极为有效。但是，摄影者要注意的是，在进行逆光拍摄时，最好利用遮光罩来避免眩光。逆光照片如图 2-24 和图 2-25 所示。

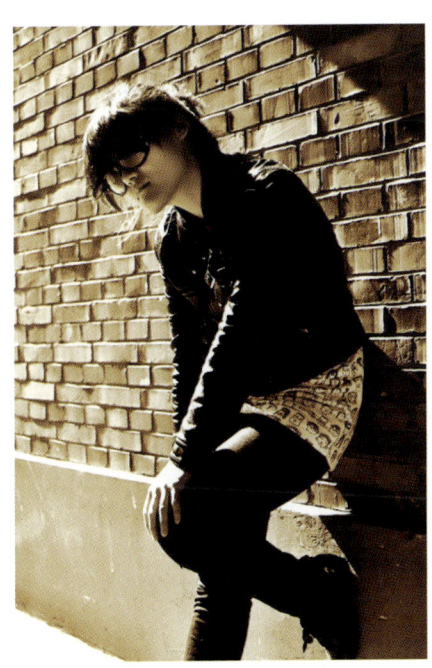

图 2-24　逆光照片一

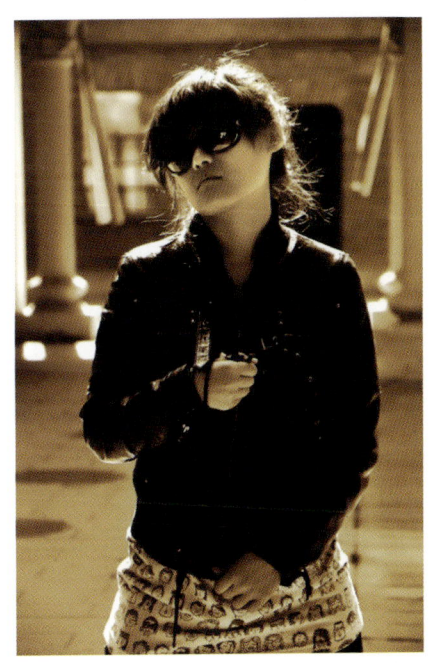

图 2-25　逆光照片二

逆光时，如果不对被摄体进行补光，很可能出现剪影的效果。此时，摄影者就需要利用相机的点测光方式，对被摄体进行测光，但这样往往容易得到深暗的背景。当然，对于初学者来说，如果在此环境下不能确定如何曝光，那么可以利用单反数码相机的包围曝光功能以得到更加准确的曝光。

4．顶光

顶光是指从头顶上方直下与相机呈 90° 角的光线。对于摄影者来说，顶光是很难让照片呈现完美的光影效果的。但是，如果顶光运用恰当，也可以为画面带来饱和的色彩、均匀的光影分布和丰富的画面细节。对于初学者来说，顶光场景的测光是比较容易掌握的。顶光照片如图 2-26 所示。

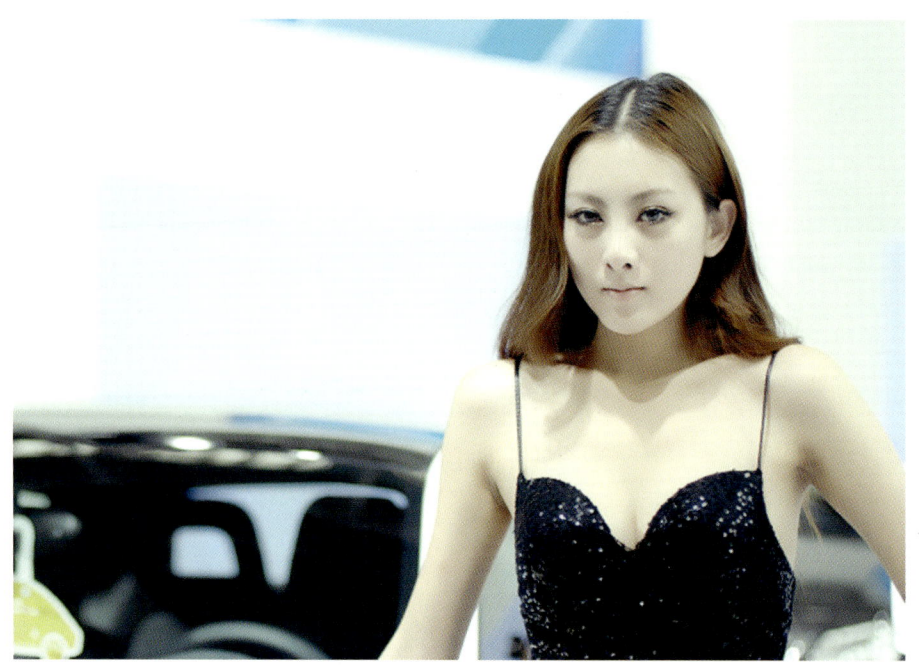

图 2-26　顶光照片

任务二　风 光 摄 影

一、风光摄影的概念

风光摄影是指拍摄自然界中的山水、建筑、园林、花木、草原、沙漠等景物，以及风、云、雨、霞、雾、雪等各种自然现象。风光摄影是广受人们喜爱的题材，它给人带来的美的享受最全面，从作者发现美开始到拍摄，直到与读者见面的全过程，都会给人以感官的享受和心灵的愉悦，能够在一定主题思想表现中，以相应的内涵使人在审美中领略到一定的美，由此也将使人平添热爱生活的情趣。风光摄影照片如图 2-27 所示。

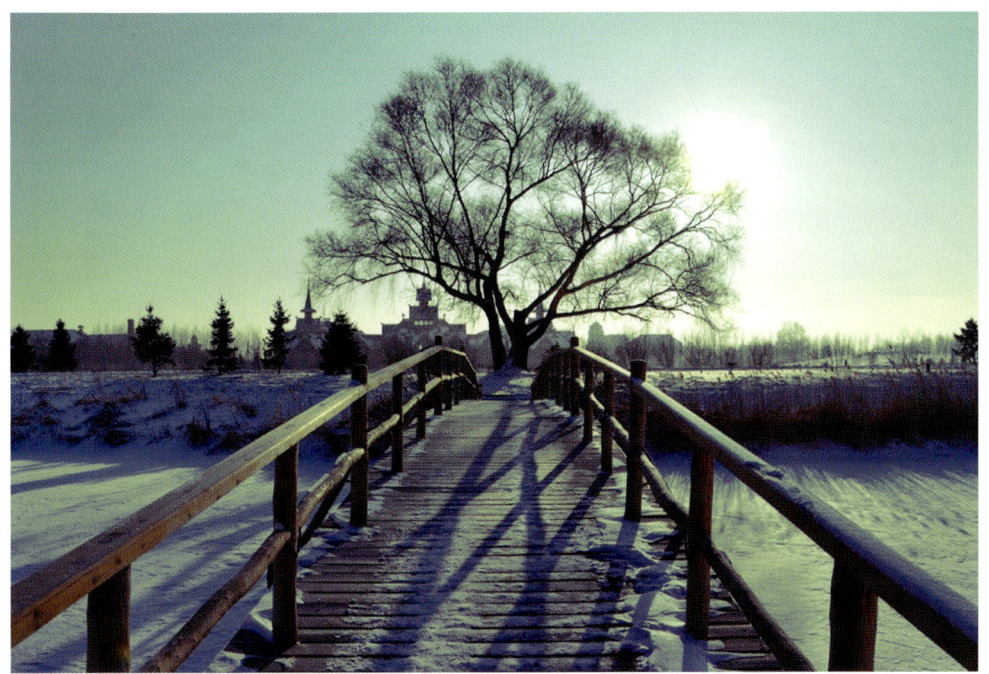

图 2-27　风光摄影照片一

二、风光摄影的器材选择

对于风光摄影而言，镜头是最具决定性的摄影工具。

最理想的镜头配置当然是覆盖各个焦段、变焦和定焦兼备、光圈越大越好。但现实中往往既不可能承担这样的成本，也无法携带如此多的镜头，因此还是要进行权衡和取舍。取舍的依据主要是摄影习惯和偏好，同时要兼顾购买能力和背负器材的体能。

1. 长焦镜头和广角镜头

有人认为广角镜头适合拍摄风光，长焦镜头适合拍摄人像。但事实上，风光摄影既需要广角镜头，又需要长焦镜头。有人把广角镜头比喻为宏大交响乐的指挥家，把长焦镜头比喻为器乐独奏的演奏家。这种说法虽不尽然，却很形象。

尼康 AF-S NIKKOR 14 ~ 24mm f/2.8G ED 如图 2-28 所示，尼康 AF-S NIKKOR 28 ~ 300mm f/3.5 ~ 5.6G ED 如图 2-29 所示。

在风光摄影中广角镜头能包容更丰富的信息，因此更适合拍摄庞大恢宏的场景。相对而言，长焦镜头能从杂乱的场景中裁切出最有趣味的内容。

风光摄影的主题有时是由单一元素构成的，有时是由众多元素构成的。在单一元素时，各种镜头只要视角允许，都可以很好地表现主题，尽管表现效果可能截然不同。

很多非常成功的风光摄影照片往往具有很多元素。在元素众多的情况下，有时候需要很广的视角才能把它们包容进来，有时候又需要通过透视压缩把不相关的元素叠加在一起。这时候，广角镜头和长焦镜头在组织摄影元素方面有迥然不同的功能，往往不能互相替代。

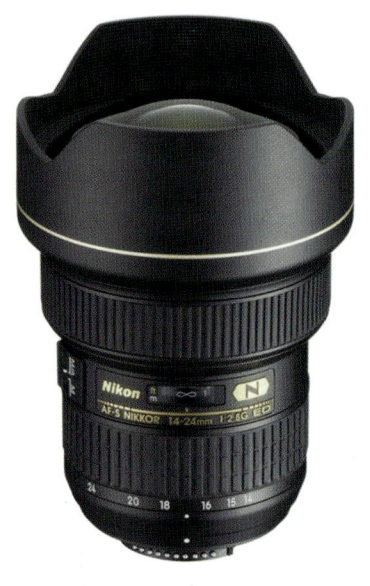

图 2-28　尼康 AF-S NIKKOR
14 ～ 24mm f/2.8G ED

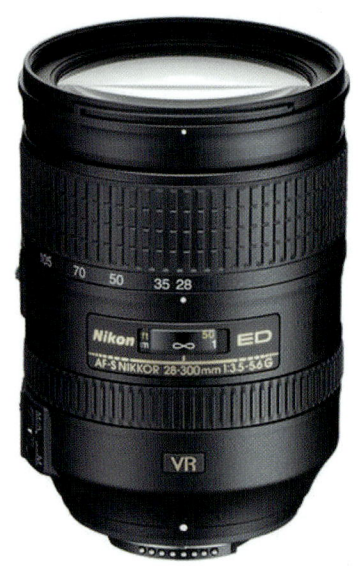

图 2-29　尼康 AF-S NIKKOR
28 ～ 300mm f/3.5 ～ 5.6G ED

在实际运用中，广角镜头的运用难度往往较大，尤其视角大于 24 mm 的镜头。由于包含的信息过多，照片的主题在组织过程中容易出现各种各样的问题，比如元素过多易喧宾夺主、组织无序、画面杂乱等。广角镜头本身的透视畸变也经常难以控制而产生副作用。

对于初学者来说，长焦镜头也许更有助于培养他们的观察能力，更容易拍出满意的照片；而广角镜头是更好的记录工具，出好片的难度更大一些。总之，在风光摄影中长焦镜头和广角镜头都不可偏废，一只视角相当于 135 相机 24 ～ 105 mm 的变焦镜头可能会是一个很好的起点。

2．运用偏振镜

很多风光摄影师都习惯于在镜头前一直拧着一片偏振镜，特别是光线较好的时候。偏振镜可以消除空气中的漫反射光而提高空气的通透度，使蓝天更蓝，也可以部分消除物体表面那种令人讨厌的反光，消除物体表面反射高光形成的光斑，改善色彩饱和度。运用偏振镜前后天空的对比如图 2-30 所示。

在阳光下，偏振镜几乎是风光摄影的必备工具。偏振镜的另一个用途是充当中灰密度镜，它可以降低至少 2 挡曝光时间。在拍摄瀑布、溪流等题材时，长时间曝光可以获得虚化的效果，而一片偏振镜可以在光线较强的情况下把曝光时间延长 2 倍，2 片拧在一起的偏振镜则可以延长 4 倍以上。

偏振镜由 2 块玻璃组成，相对比较厚，在广角镜头上容易出现暗角。因此，应为广角镜头专门配备超薄型偏光镜。

3．三脚架

三脚架也是必需的。初学者往往觉得背负的器材太重，三脚架使用的概率并不高，所以在风景拍摄时不愿意携带三脚架。但是在实际拍摄过程中，尤其是在拍摄水流、夜景的时候，三脚架的用处是很大的，它可以在使用低速快门的时候，获得较好的成像质量。可根据摄影器材的配重来选择相应的三脚架。稳定性是三脚架首先要考虑的性能，其次才是高度、体积，以及其他性能。尽量选择有一定品牌知名度的三脚架。运用三脚架拍摄的照片如图 2-31 所示。

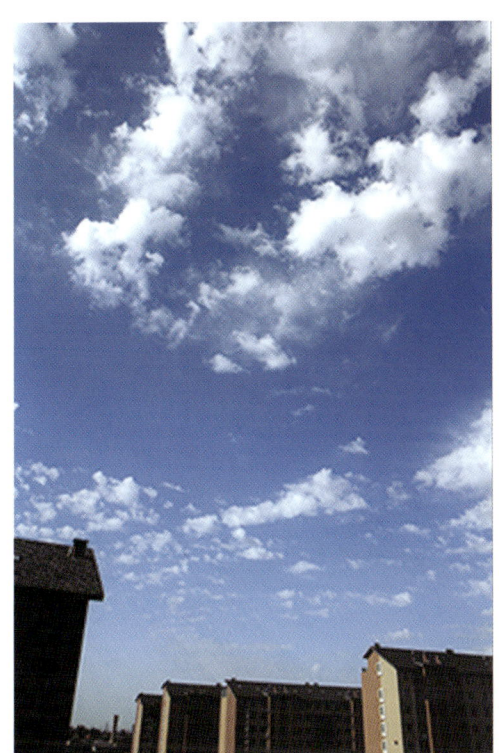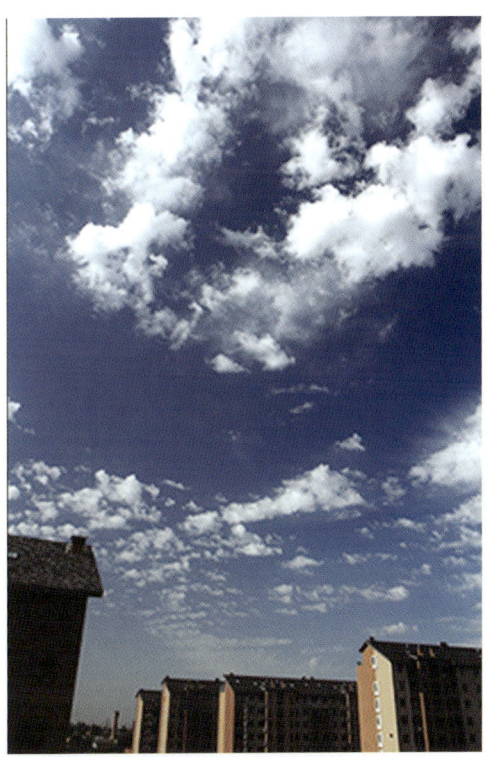

图 2-30　运用偏振镜前后天空的对比

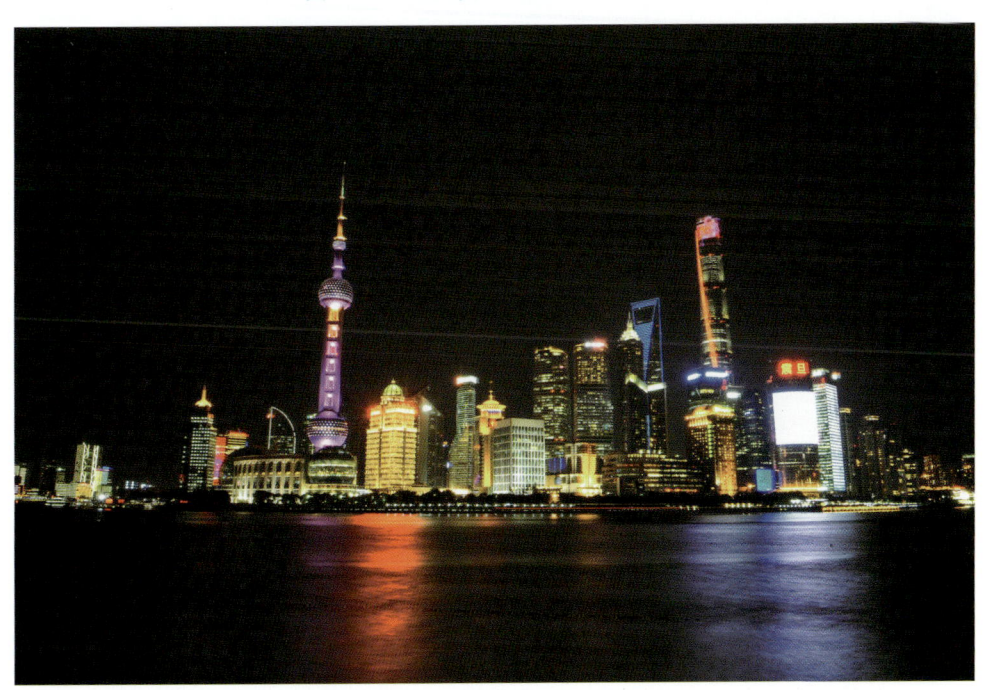

图 2-31　运用三脚架拍摄的照片

三、风光摄影的拍摄要求

1．天时

天时，就是拍摄时机。从广义上讲，天时是指季节性的春、夏、秋、冬；从狭义上讲，"时"是一天里自早晨至黄昏，甚至晚上。天时因地利而显妙趣，地利因天时而发英姿，这是人们长期实践的经验总结。天时主要表现为光线美和色彩美。拍摄点与光线的选择别具匠心，给人以古朴凝重的感受。风光摄影照片如图 2-32 所示。

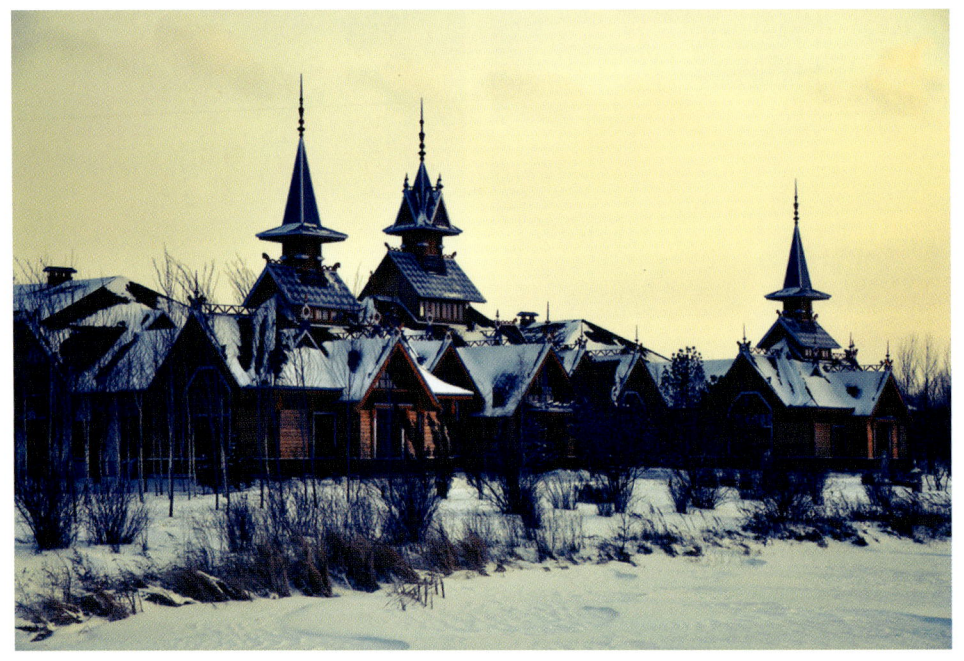

图 2-32　风光摄影照片二

光源对景物产生的效果，纵然只是一线之差，都有很大的不同，那么对拍摄大自然风光唯一可靠的阳光，关于它的升降位置和投射方向，不仅必须清楚，而且绝对重要。

对季节性光的方向来源和可能投射到的地方和位置要了解，一般只知太阳东升西落，而实际上它升降的方向是随季节而变化的，因此光的改变也直接影响了画面的效果。冬天太阳升起的位置偏于南，而投射偏向北；夏天的太阳升起时偏北，下地时投射偏南。一年太阳从正东升起的时间，只有两天（春分、秋分），每天变化 0.258°。风光摄影照片如图 2-33 所示。

2．地利

地利是大自然千变万化的地势、地貌等自然景观。地利主要表现为线条美和形体美。身处大自然的怀抱中，满眼都是景物，缭乱杂陈，哪些应该删去？哪些应该留住？而且采景的位置、最佳角度等也不是仓促间能够决定的。为此，必须细心，有耐性、不厌其烦、不畏其劳地从各种位置和角度去尝试。仔细观察，结合积累的经验，选取理想的角度去拍摄心目中已打好草稿的景物，随后再加以细致的剪裁。风光摄影照片如图 2-34 所示。

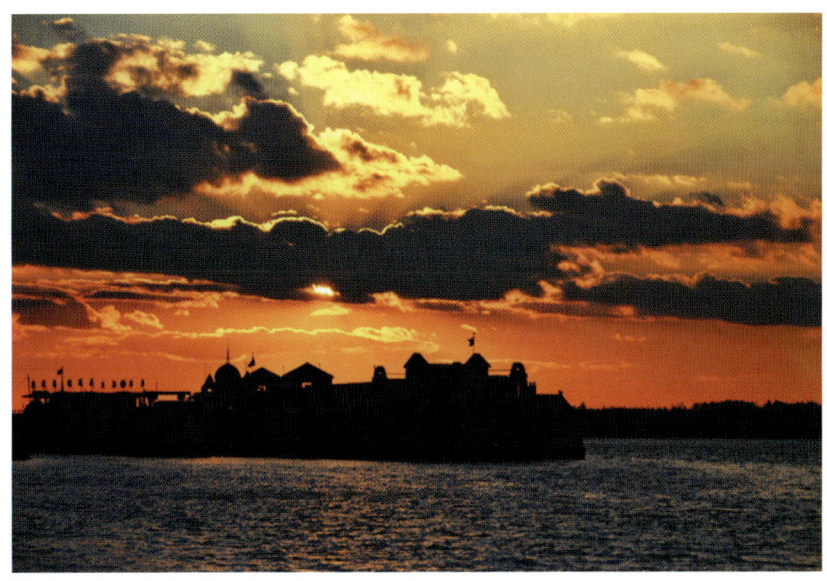

图 2-33　风光摄影照片三

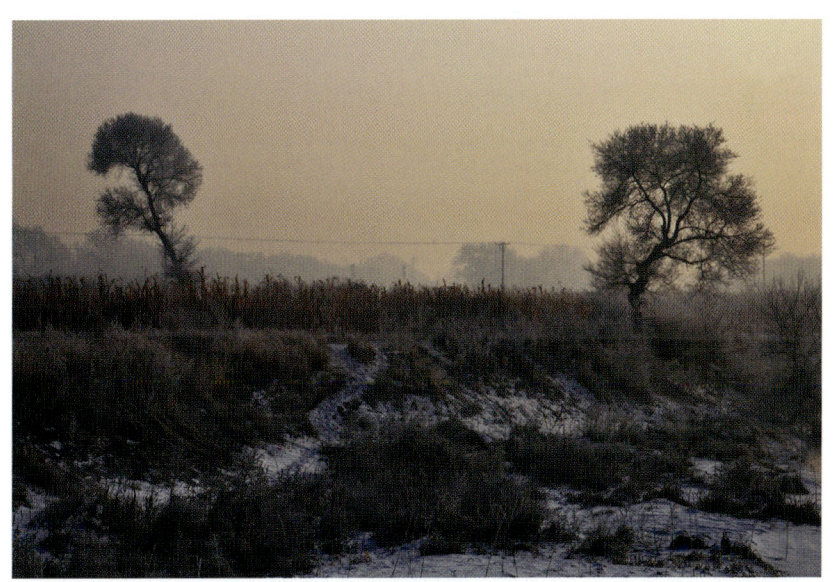

图 2-34　风光摄影照片四

　　剪裁时即便是画面中最细微的地方也要注意，不容疏忽。不管是一草一石，还是一枝一叶，都要列入推敲的范围。因为在开阔的情况下，看似微不足道的事物和毫不重要的地方，在一幅作品中，往往起着建设性或破坏性的极端作用。因此，选景与拍摄要相当细致。画家黄宾虹认为：纵游山水间，既要有天以腾空的活动，又要有老僧补衲的纯静。意思是说，对眼前的景色要有无比的热情，不辞劳苦地四处奔跑、观察、寻景，跟着就是要积极地去思考，去认识眼前的景色，从而了解这些景色。山峰有千姿百态，所以气象万千，它如人的状貌，百个人有百个样，所以观察山、景，不能停留在表面，更多的是注意山景的气势与当地的特色。五代时期的画家荆浩说"搜真"，"真"是指客观的存在，"搜"是作者主观的努力。这些都是前人艺术家的体会，是一种教诲。

　　风光摄影照片如图 2-35 所示。

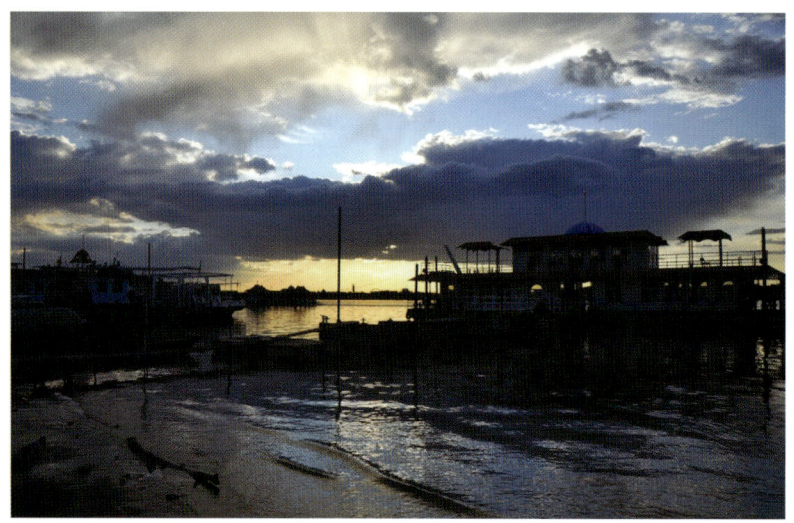

图 2-35　风光摄影照片五

3．人和

人和是指摄影者对自然的审美把握与摄影表现技巧的结合。人和在风光摄影中起决定作用。万物都有独特的本质，尤其是拍摄大自然风景时，对充满整个大自然的花、草、木、石、泥的本质更要深刻认识，然后熟悉和掌握它们的本质，使其有效地重现于照片中。摄影中的术语"质感"，就是要求在表现景或物的时候，不是徒具其形貌的轮廓，重要的是要表现有质的感觉，既有骨，又有肉。风光摄影照片如图 2-36 所示。

同样的风景，为什么有些人拍得非常美丽，而有些人却拍得平淡无奇呢？其实两者很大的区别就在于拍摄位置与角度的不同。一般来说，对草原、沙漠、海洋等景观利用俯拍或平视的角度进行拍摄，可以更多地反映它们的雄伟与壮丽。而对雪山及高度大于宽度的建筑来说，使用仰角拍摄则更能体现其原有的风貌。有些拍摄者利用飞机进行鸟瞰式航拍，获得了令人炫目的拍摄效果。风光摄影照片如图 2-37 所示。

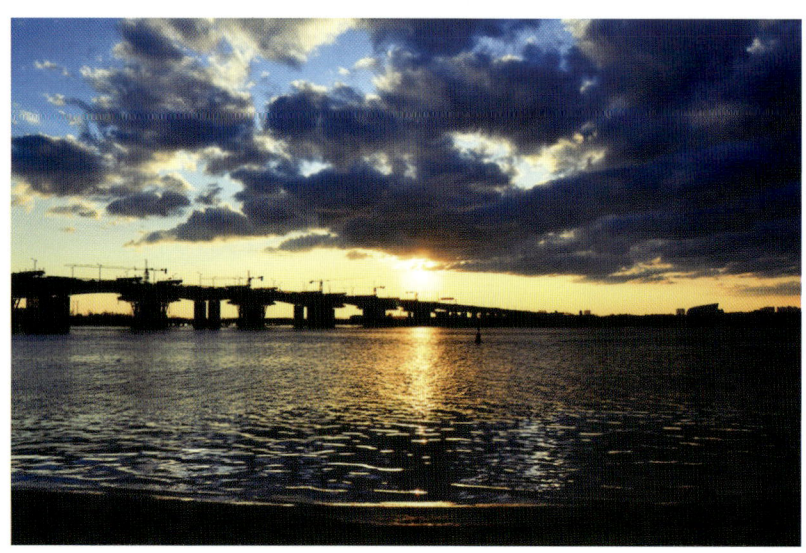

图 2-36　风光摄影照片六

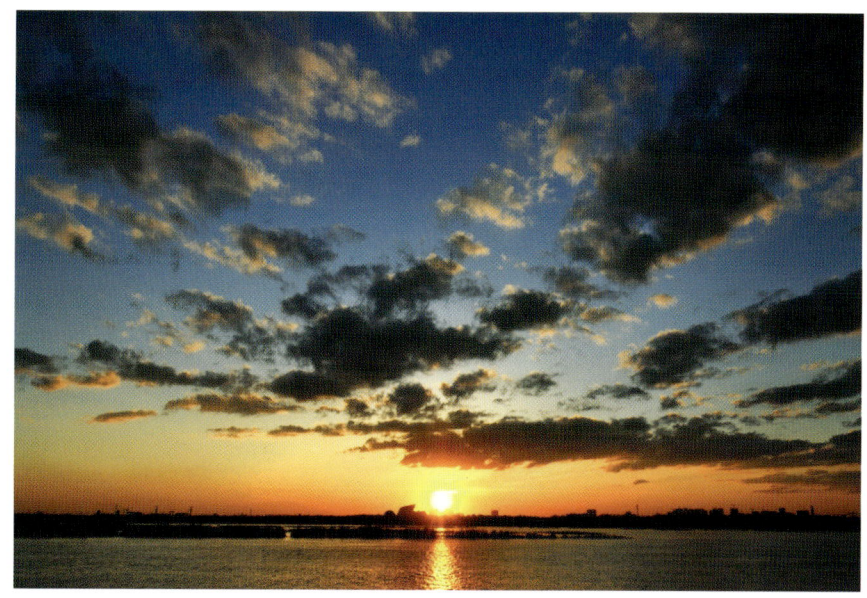

图 2-37　风光摄影照片七

四、风光摄影构图技巧

1．明确主题

一幅风光摄影作品不可能囊括全局，包罗万象。要根据作者的意图，以独到的鉴赏力，找出自然环境中最独特、最主要、最富有艺术表现力的结构因素，把它们有机地组织起来，明确、简洁地表现出来。这是风光摄影创作的第一要务。

景物要吸引人：构图的时候，一定要让作品有吸引别人的亮点，在决定按下快门的时候，一定要想想为什么要这样拍摄，这样的景色美在哪里；然后把这个吸引人的点完美地表现出来，让它更吸引人。

2．避免居中构图

有些摄影师在拍摄的时候，喜欢把最吸引人的地方放到构图的中间，认为正中间的景物才是最吸引人的。其实不然，如果中间吸引人的话，就会把目光定在中间，这样就会让画面变得呆板。建议在构图的时候，不要把吸引人的景物放到中间位置，更不要把景物放到水平线的中间位置。

要避免把被摄体放在正中央，有以下几个原因。

（1）画面的正中央令人感到厌烦。如果拍摄的每一张照片都把被摄体放在画面的正中央，那么就会让人觉得千篇一律。

（2）画面的空间没有被充分利用。在一幅照片中，有很大的空间可以用来对风景进行界定。如果每样景物都被放在画面的中央，在被摄体周围就会有很大的空间被浪费了。

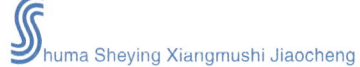

（3）关系不明显。如果被摄体居于画面的中央，它会控制照片的其余部分，并使照片中其他的重要部分失去作用。比如，把背景大山放在了照片的中央，大山就会操纵整个画面，从而使前景中的岩石失去作用。

（4）画面四周也会出问题。如果把焦点对准画面的中央，就会忘记四周，而画面的四周经常会出现一些容易分散观赏者注意力的东西。另外，还可能会有一些元素被画面的边缘切割，而这种不好的切割是可以通过移动相机，包容或去除一些内容的方式来解决的。

（5）画面四周也很有趣。被摄体的四周经常会有一些有趣的东西，而这些东西绝对值得在构图时多加注意。

3．三分法构图

想把被摄体移出画面的中央，三分之一规则是一个很有用的提示。三分之一规则是根据将画面从上到下、从左到右各分成三份的八条直线而定的。拍摄者可以利用这八条直线在画面中的四个交点进行构图。可以把地平线放在将画面从上到下分成三份的上面或下面的一条直线上，然后把某个元素，比如一棵树或一座大山，放在相应直线上的三分之一点处，就能产生极富视觉冲击力的效果。

三分之一的构图规则简化了构图的方法，使构图上的判断变得更加简单；但是，由于真实世界并不是按照三分之一的规则形成的，因而这个规则会产生很大的限定。摄影的初学者有时过于看重三分之一规则，即便在不适用的情况下仍然要按照这个规则进行拍摄。

把三分之一规则作为参考会更好一些，如果以这种方式进行思考，三分之一规则就会更加有用，不会造成问题。先按照三分之一规则进行构图，然后移动相机，通过取景器看看真实景色中的某些部分如果被放到照片的不同位置，会不会出现更好的画面。用画框做参考边线，然后试着把构图元素靠近画面的边缘。

4．画面要达到整体的均衡

在把画面的各个部分组成一个整体的过程中，最后一步是要审查画面是否均衡，因为均衡是人们在长期生活中形成的一种心理要求和形式感觉。画面均衡与否，不仅对整体结构有影响，而且与观众的欣赏心理紧密联系。

现实生活中，一切稳定的物体都有均衡的形式：桌子四条腿是稳固的，如果三条腿则一定要将它形成均衡的鼎足之势才会稳固；盖房子如果下面小上面大，就给人一种不稳固的感觉；挑担子一头重一头轻，会使人走路不稳。许许多多的生活现象培养了人们要求均衡的心理，并且在人们的审美过程中起作用。

一幅画面在一般情况下应该是均衡的、安定的，让人感到稳定、和谐、完整。利用人们要求均衡的心理因素，可以从以下几个方面来强调画面的表现力。

（1）强调一种庄重、肃穆的气氛时，要求画面均衡平稳，甚至有意地采取对称式的均衡，从四平八稳的对称均衡中显示一种古朴而庄重的关系。

（2）在一些强调优雅、恬静、柔媚的抒情性风光画面及生动活泼的人物、情节画面中，要求变化中的均衡画面有疏有密、有虚有实，但整体要求是均衡的。

（3）均衡还可以从有意违反均衡的法则中取得，使画面在不均衡中产生某种动荡感，像受到外界冲击一样。利用不均衡的变格形式来深刻地表达主题。

任务三　摄影作品欣赏

一、人像摄影作品

人像摄影照片如图 2-38 至图 2-51 所示。

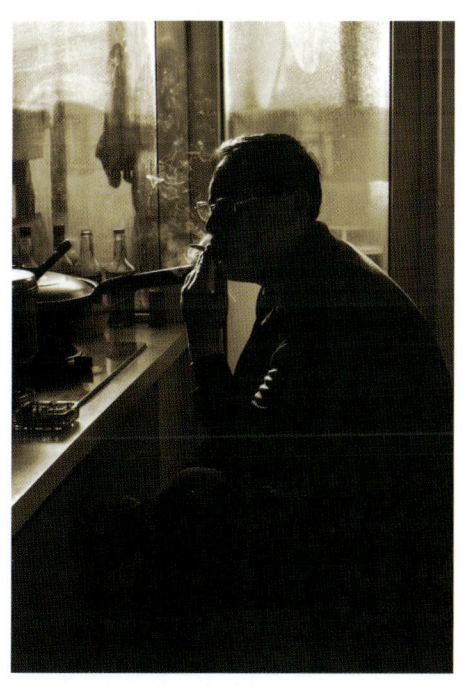

图 2-38　人像摄影照片一

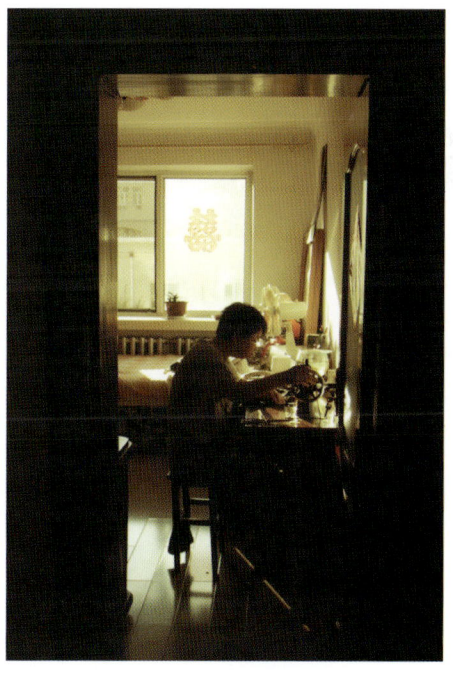

图 2-39　人像摄影照片二

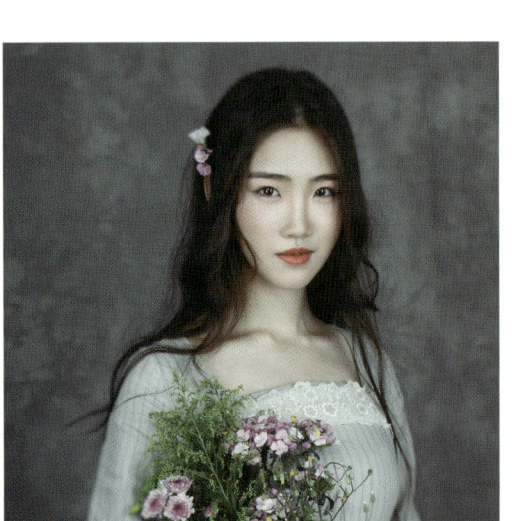

图 2-40　人像摄影照片三

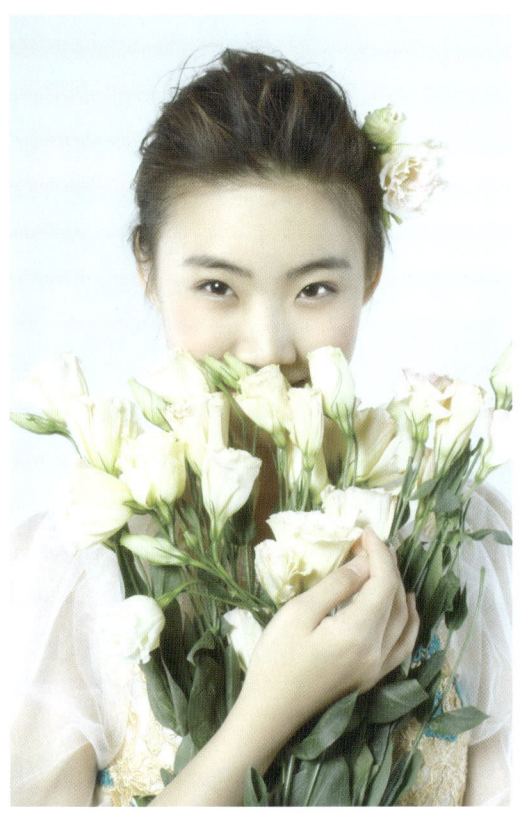

图 2-41　人像摄影照片四

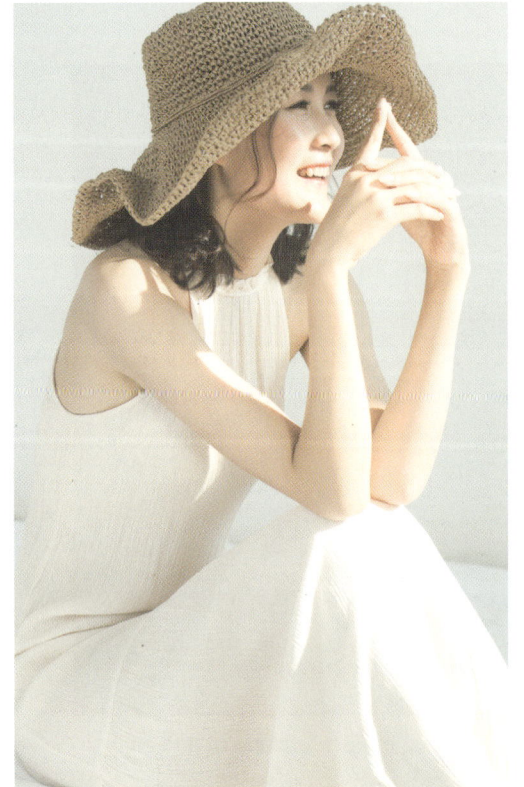

图 2-42　人像摄影照片五

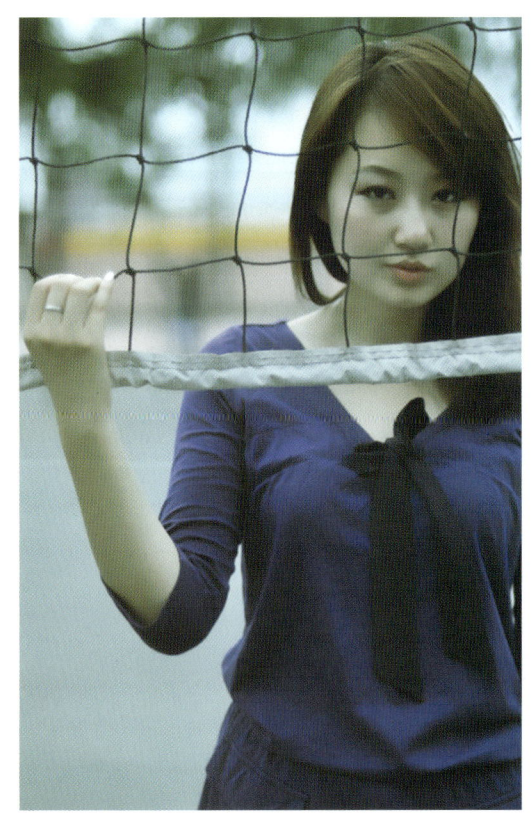

图 2-43　人像摄影照片六

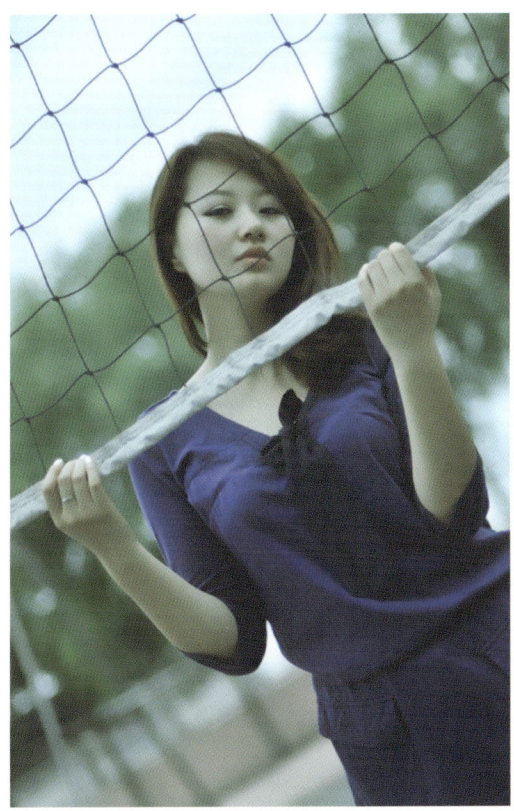

图2-44　人像摄影照片七

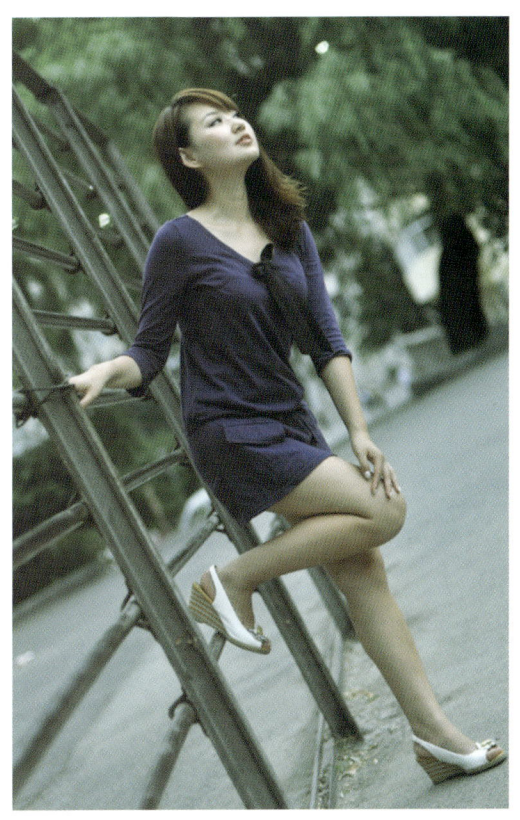

图2-45　人像摄影照片八

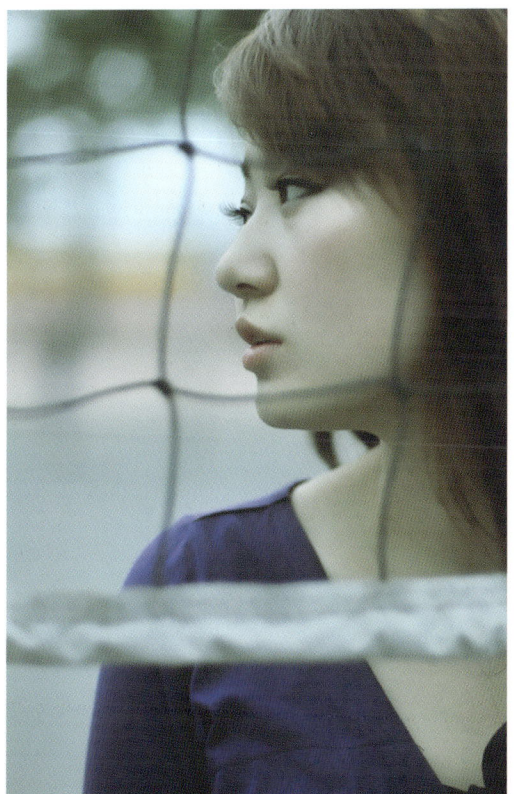

图2-46　人像摄影照片九

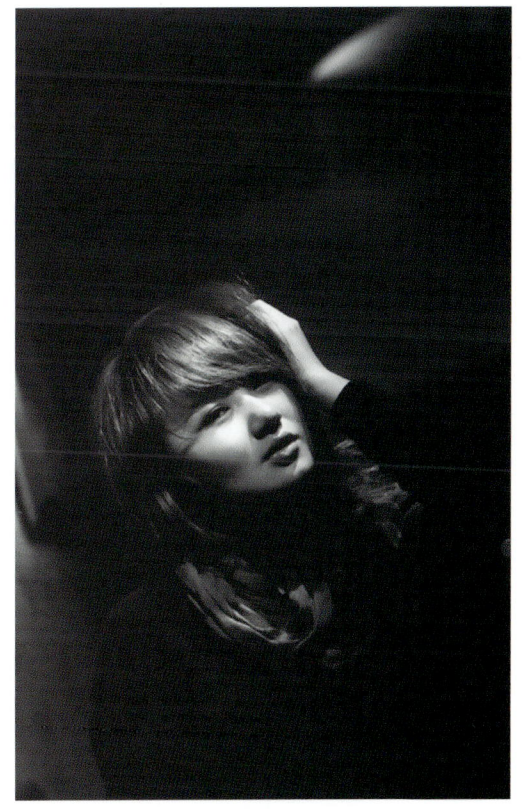

图2-47　人像摄影照片十

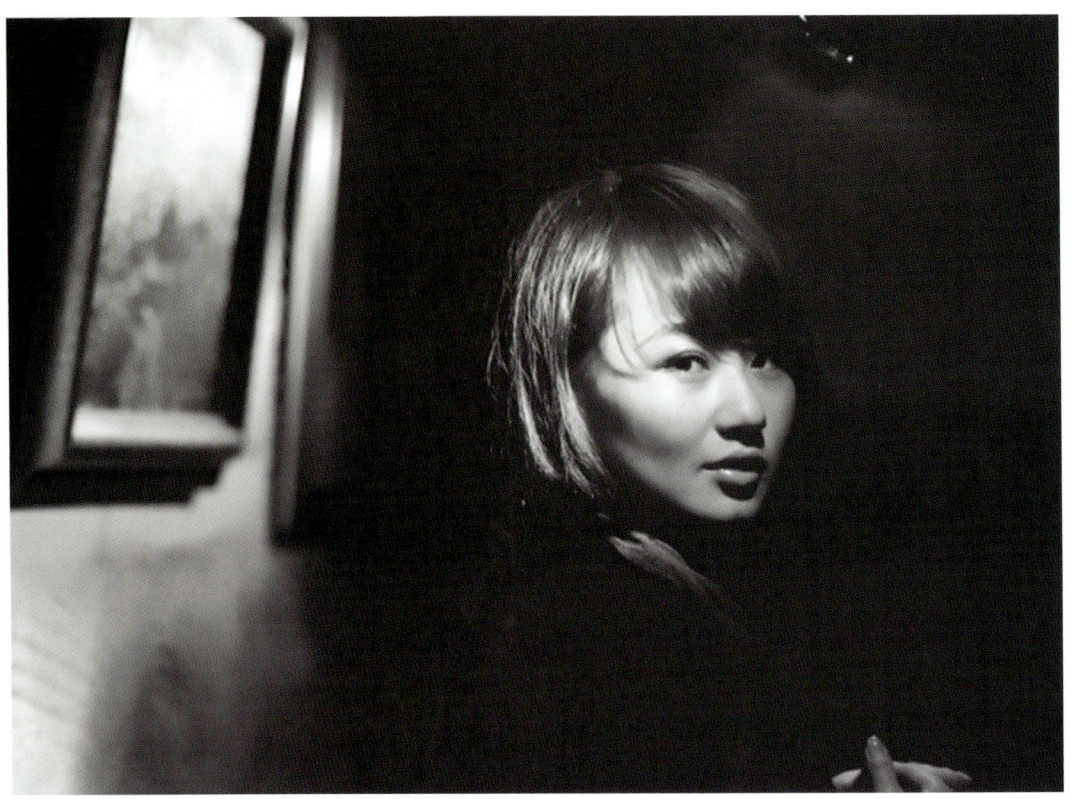

图 2-48　人像摄影照片十一

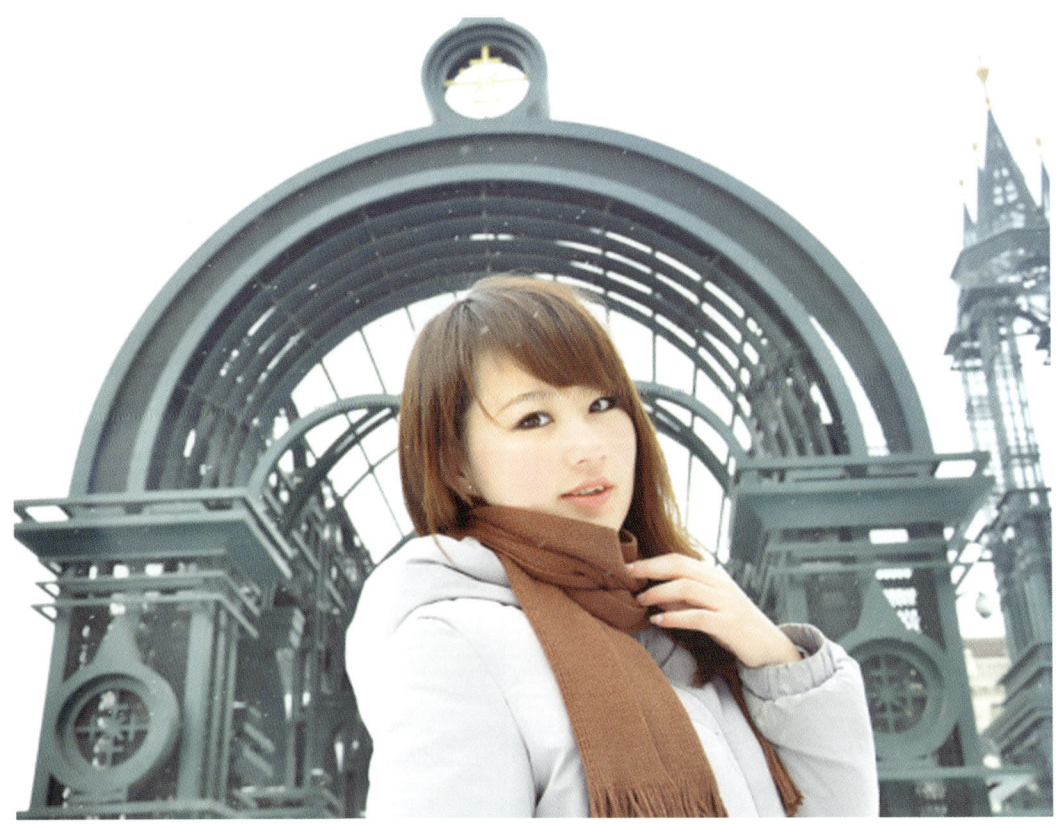

图 2-49　人像摄影照片十二

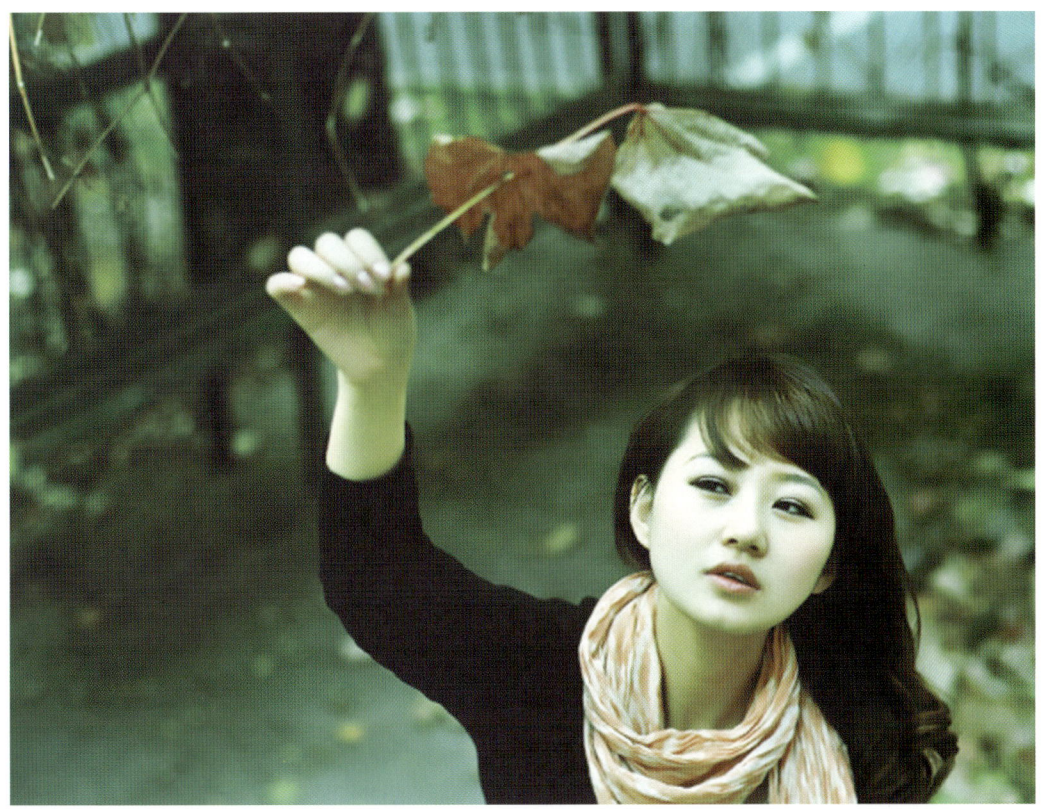

图 2-50　人像摄影照片十三

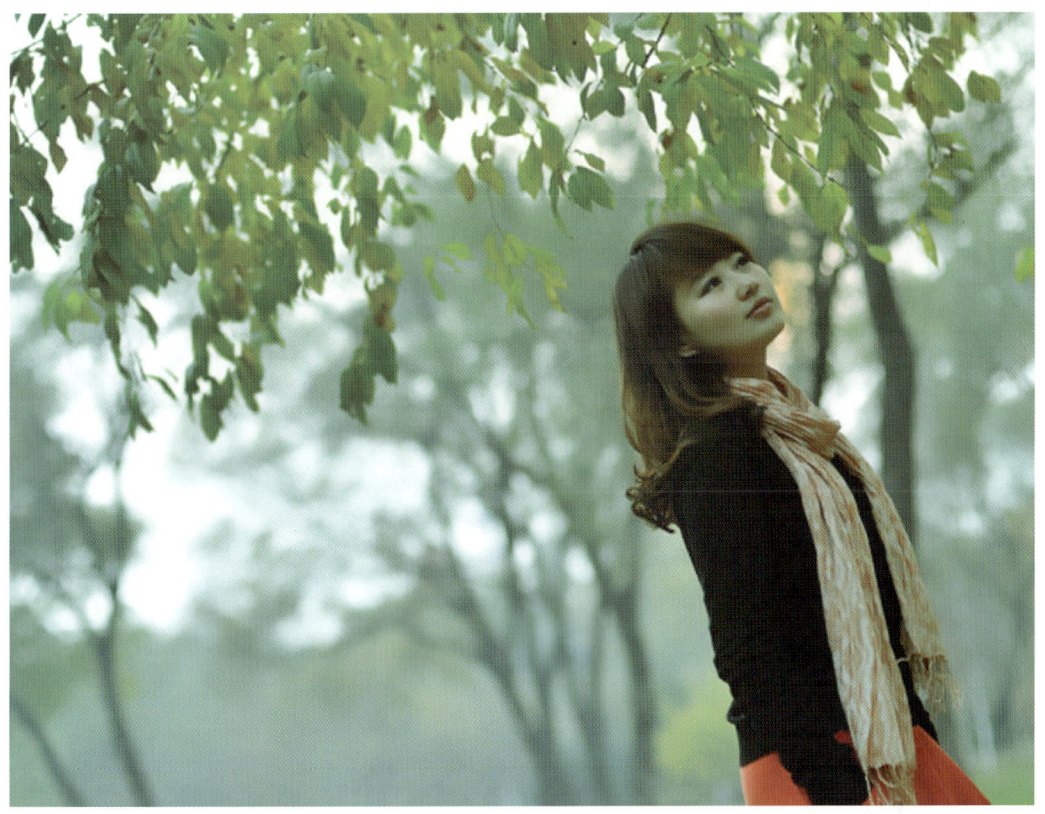

图 2-51　人像摄影照片十四

二、风光摄影作品

风光摄影作品如图 2-52 至图 2-71 所示。

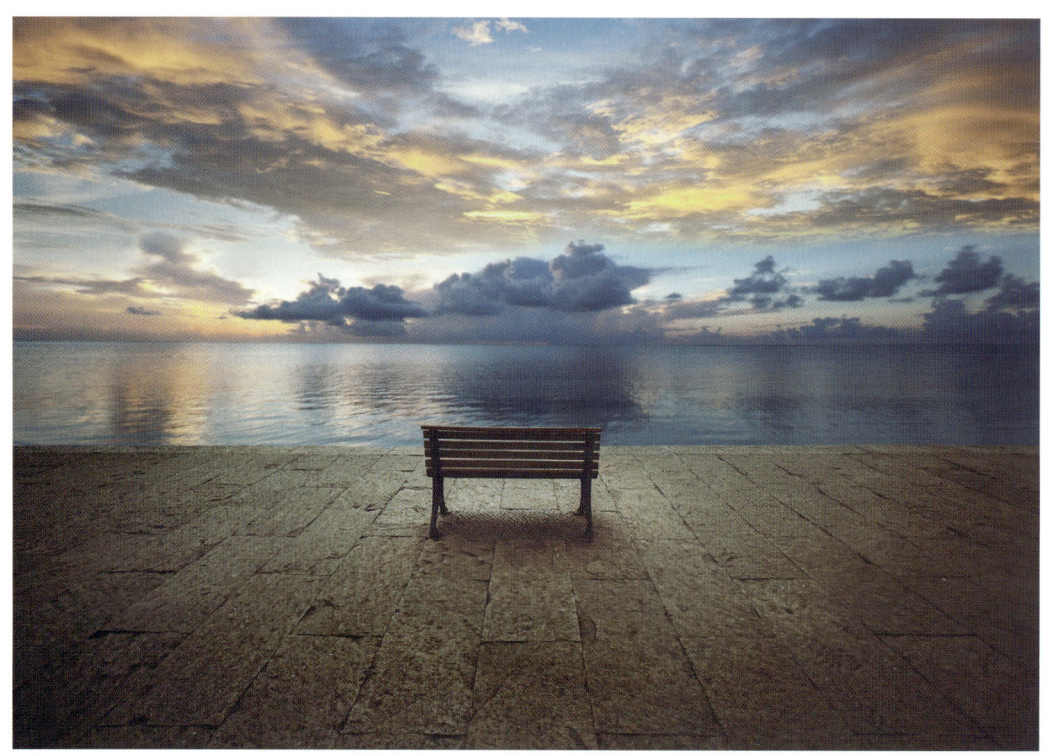

图 2-52　风光摄影作品一

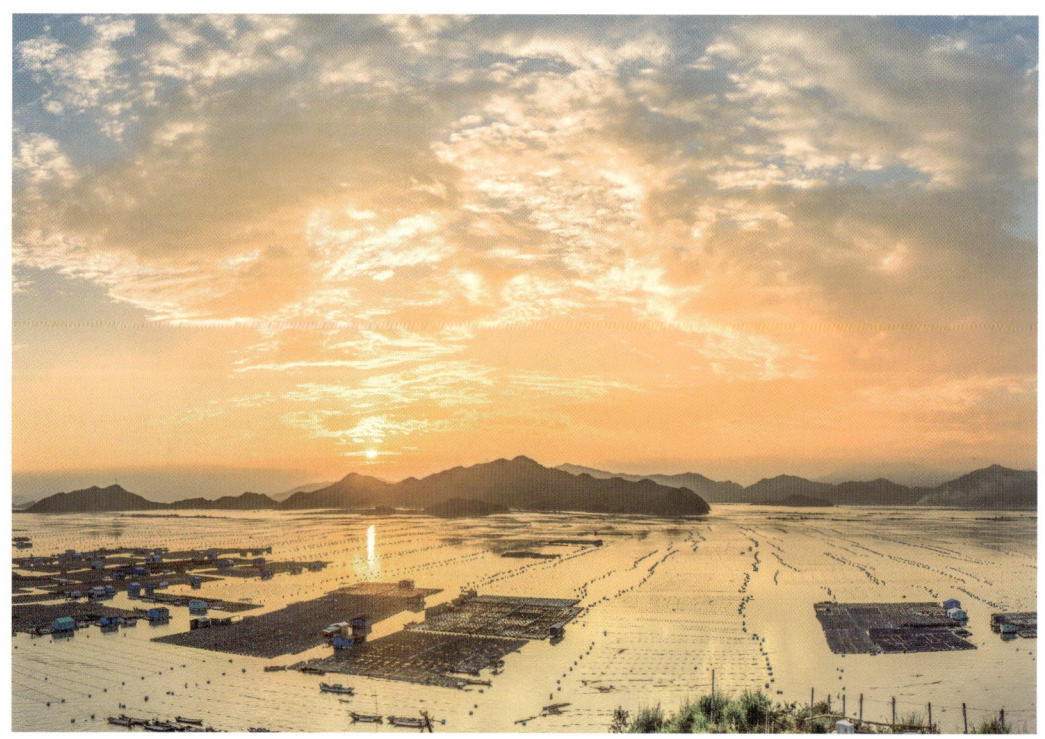

图 2-53　风光摄影作品二

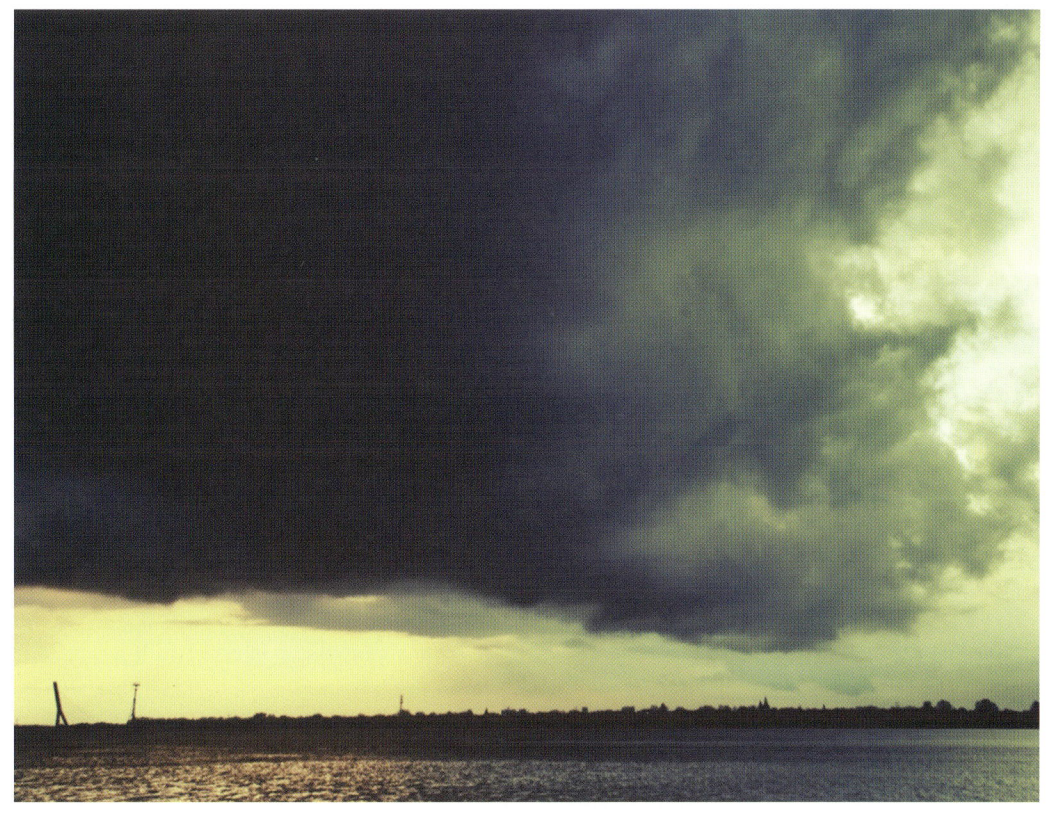

图 2-54　风光摄影作品三

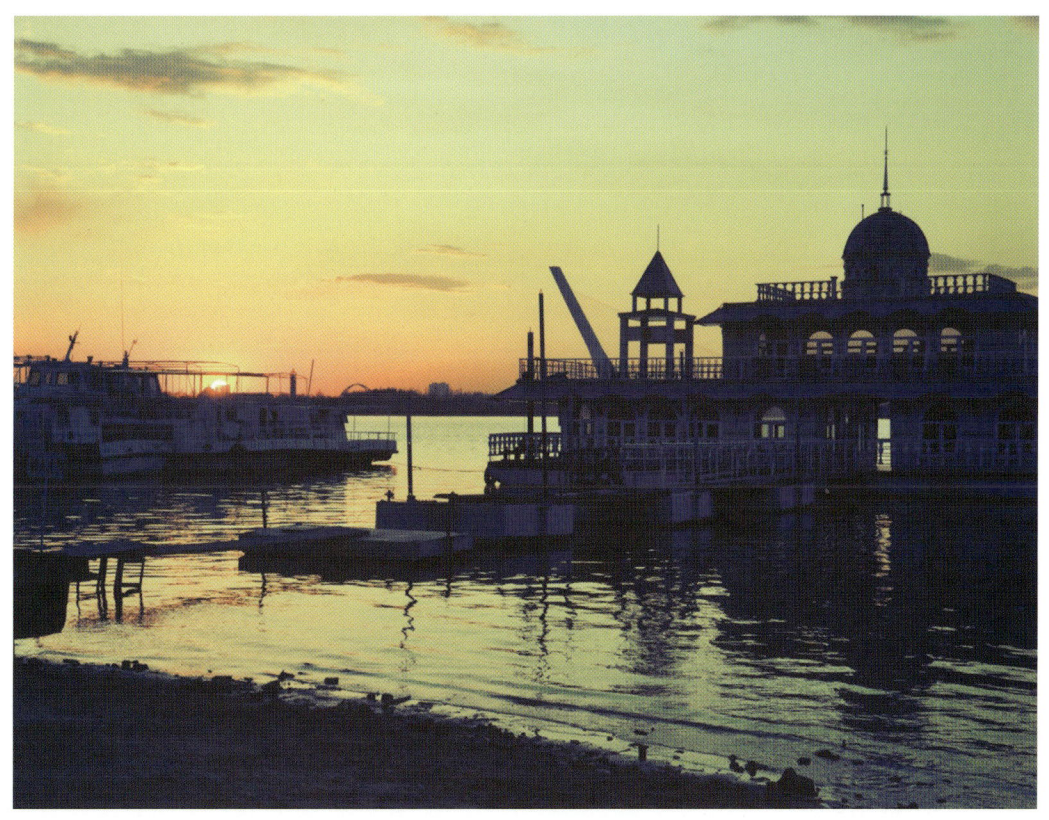

图 2-55　风光摄影作品四

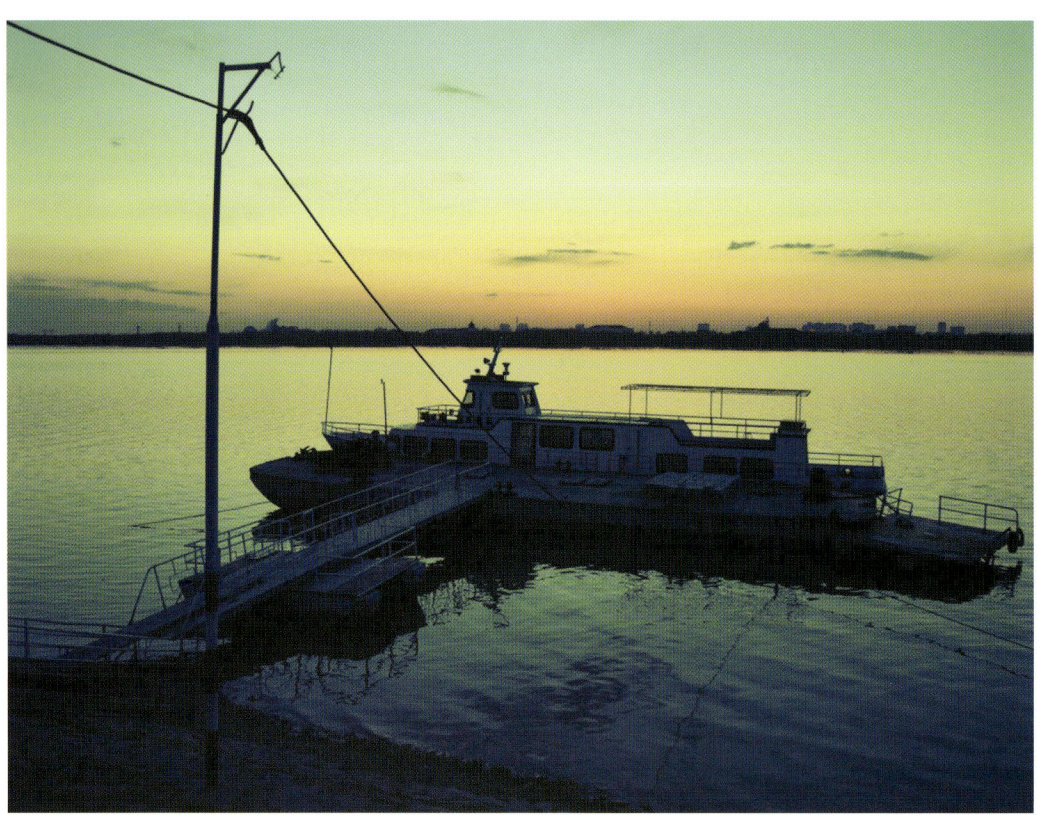

图 2-56　风光摄影作品五

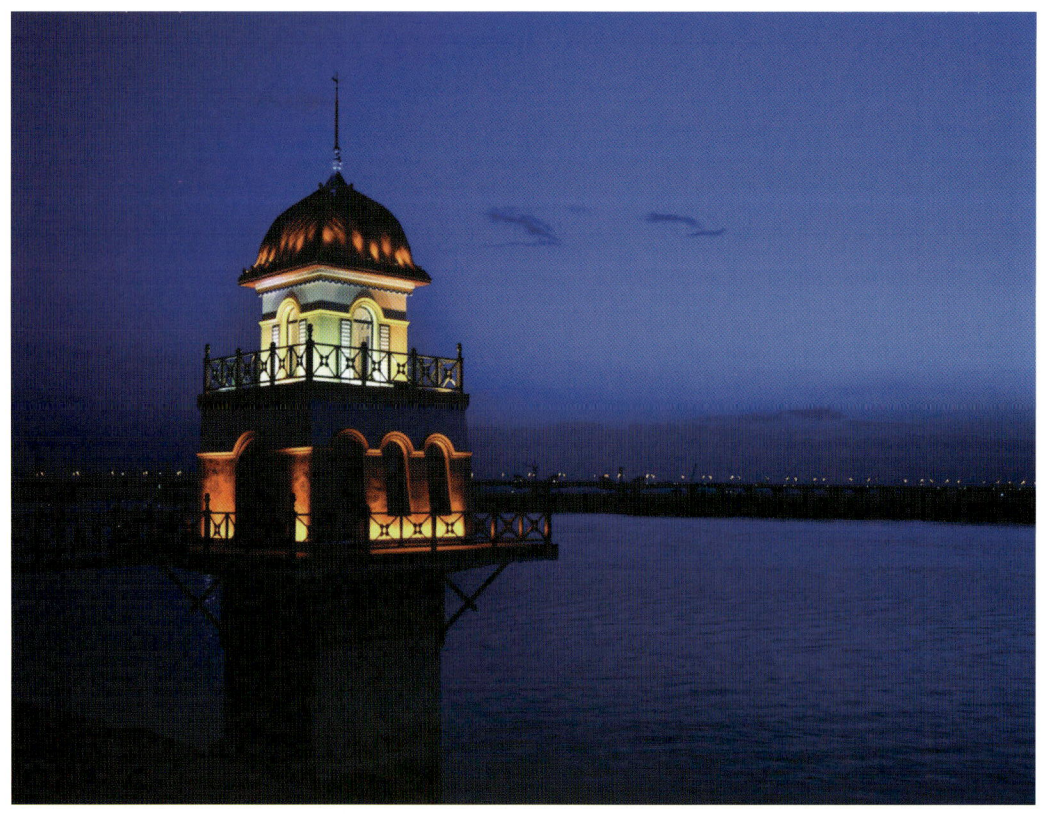

图 2-57　风光摄影作品六

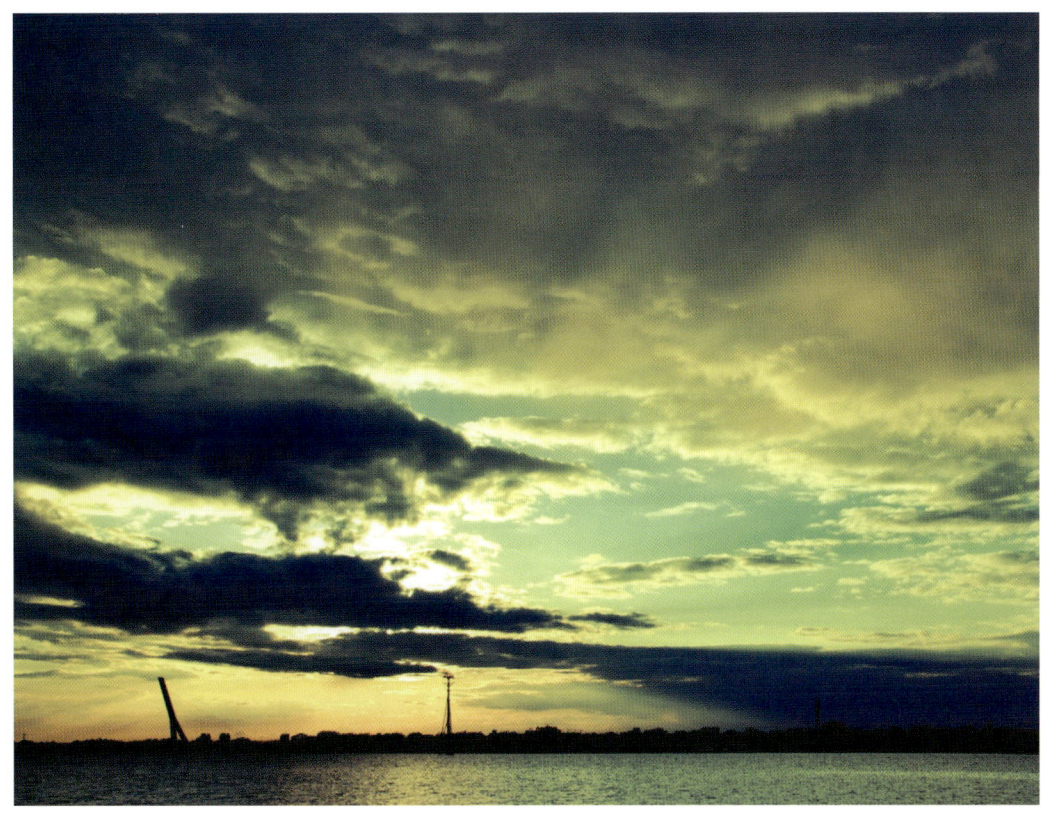

图 2-58　风光摄影作品七

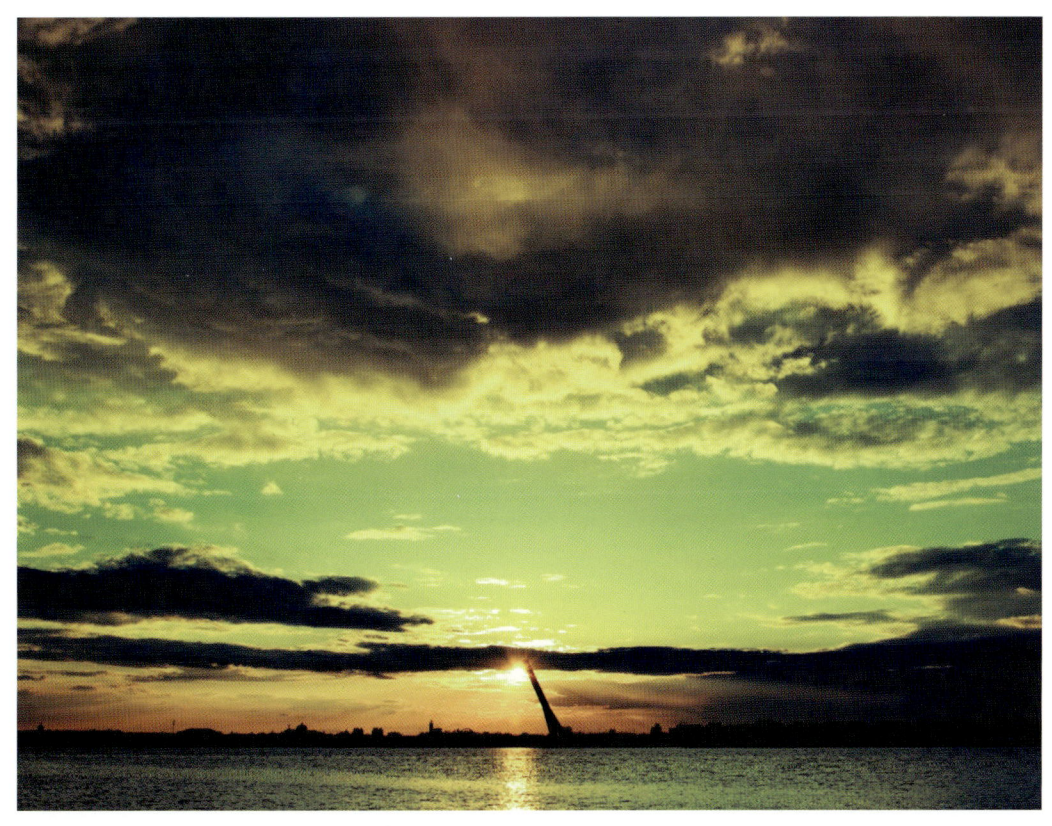

图 2-59　风光摄影作品八

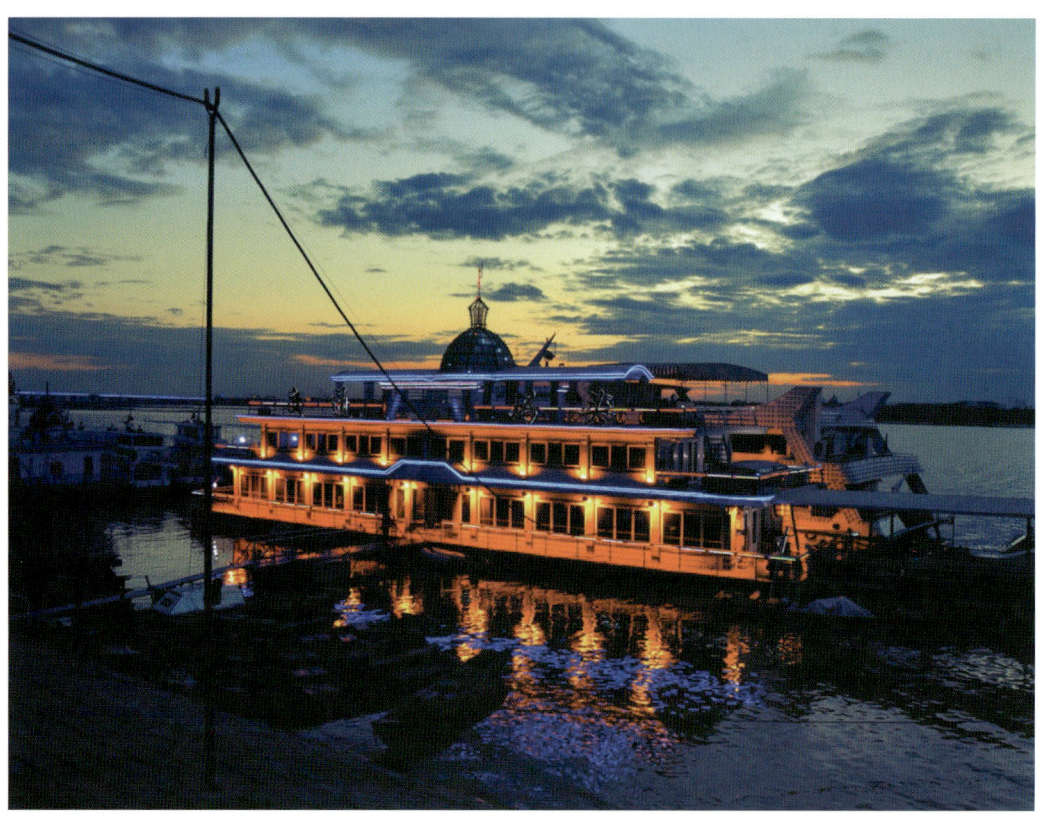

图 2-60　风光摄影作品九

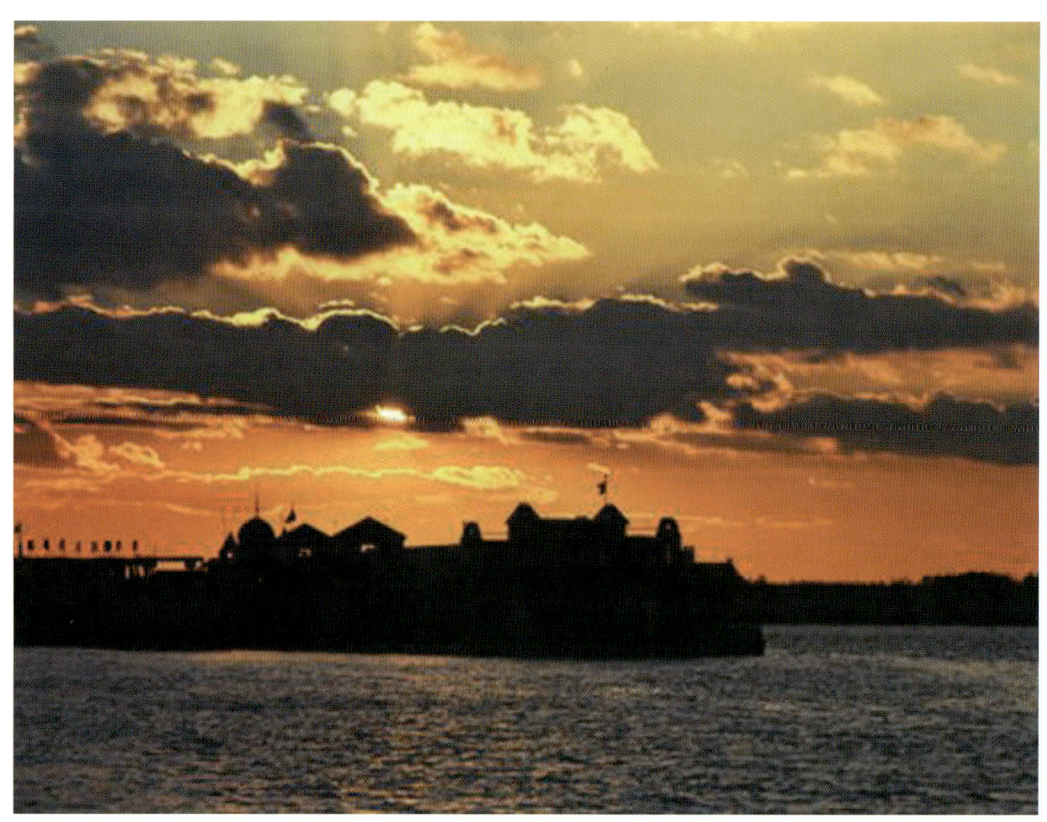

图 2-61　风光摄影作品十

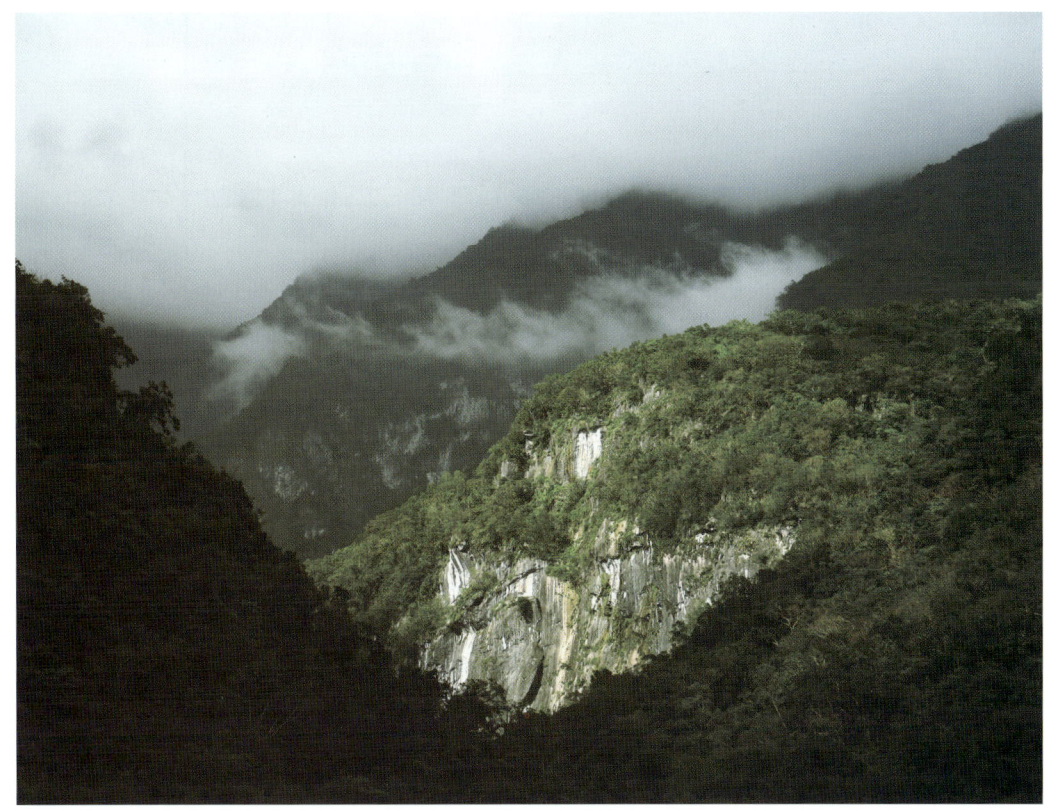

图 2-62　风光摄影作品十一

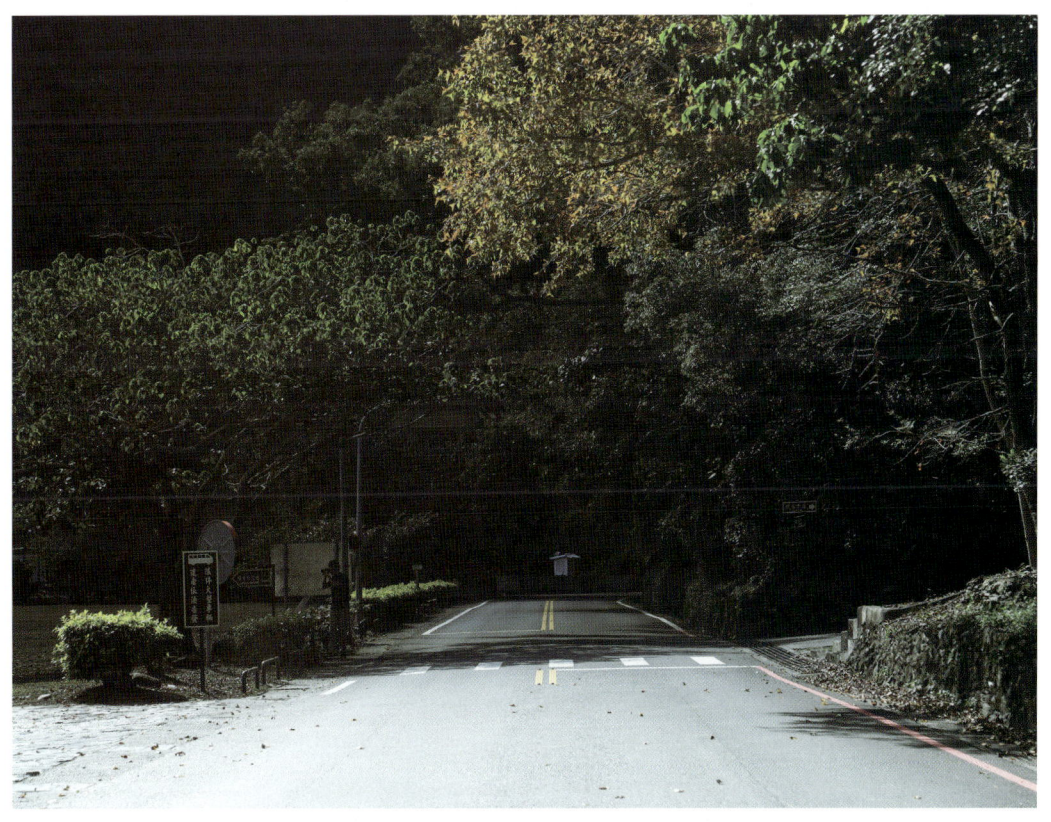

图 2-63　风光摄影作品十二

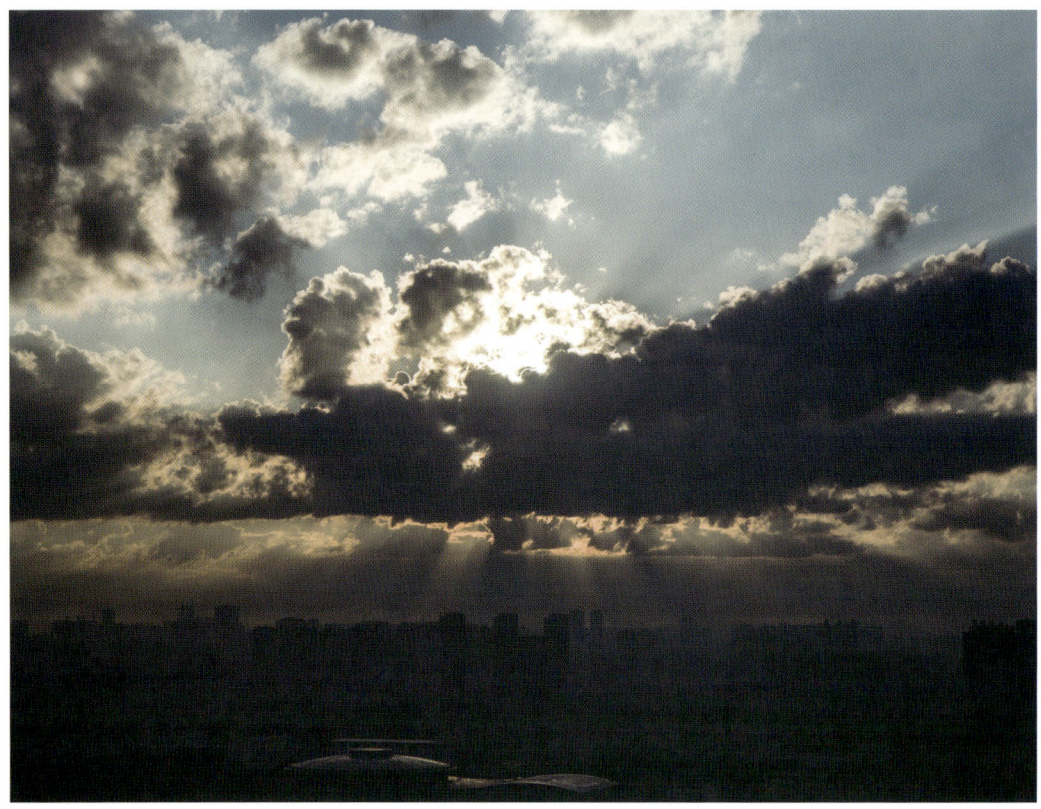

图 2-64　风光摄影作品十三

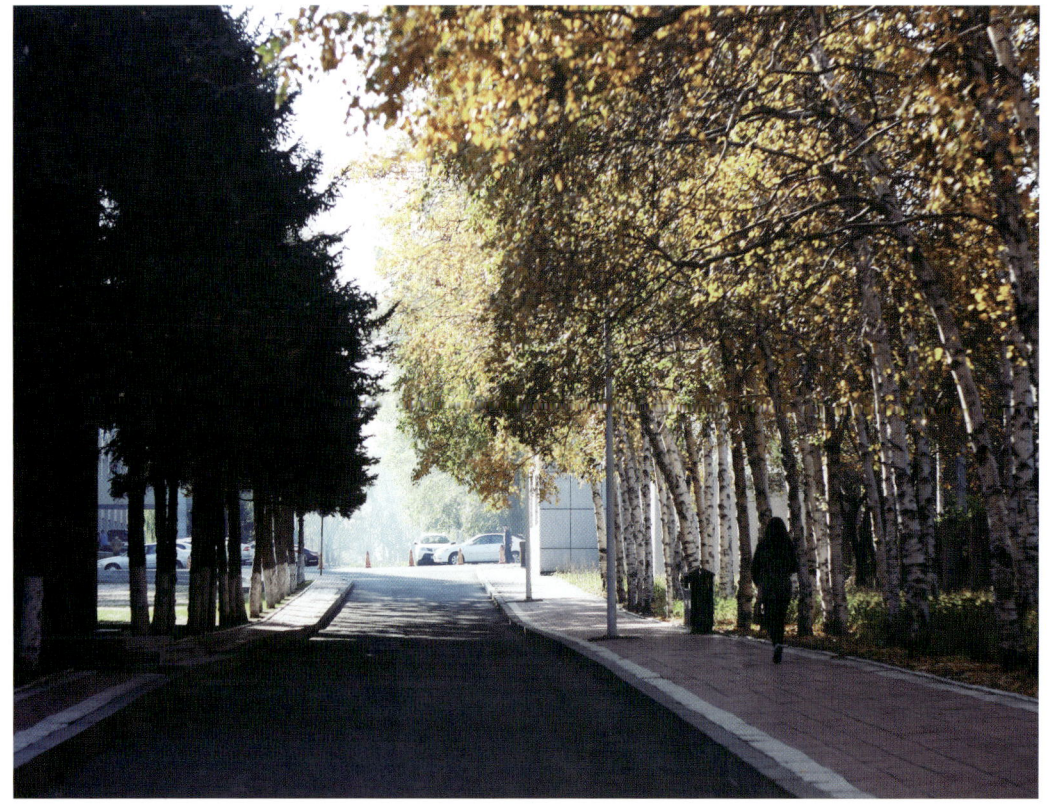

图 2-65　风光摄影作品十四

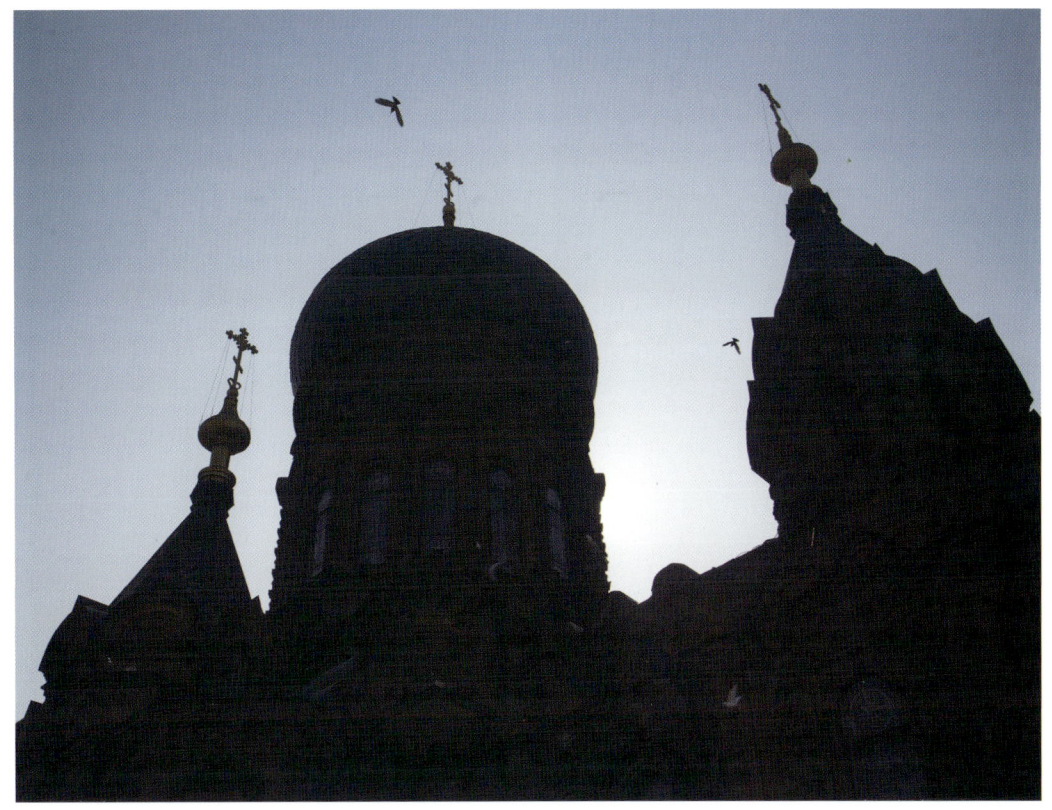

图 2-66 风光摄影作品十五

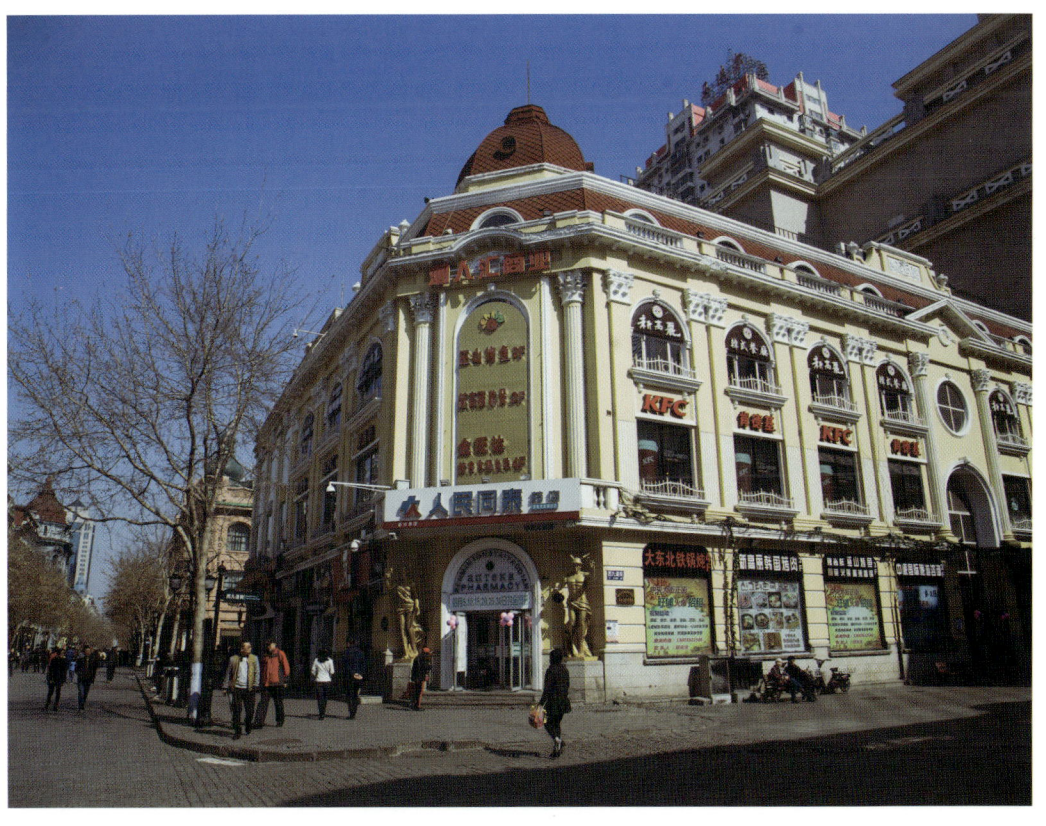

图 2-67 风光摄影作品十六

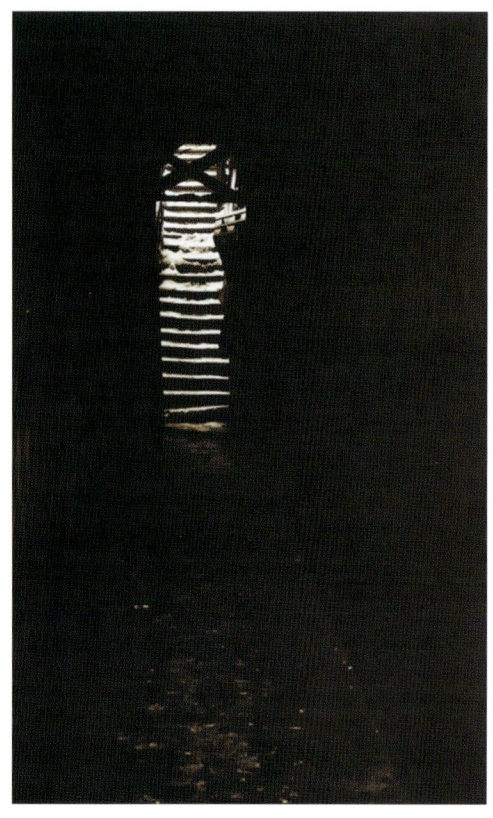

图 2-68　风光摄影作品十七

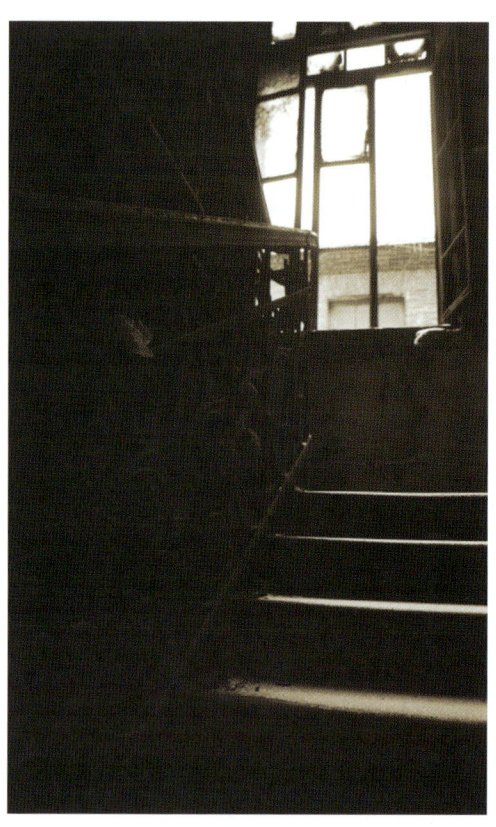

图 2-69　风光摄影作品十八

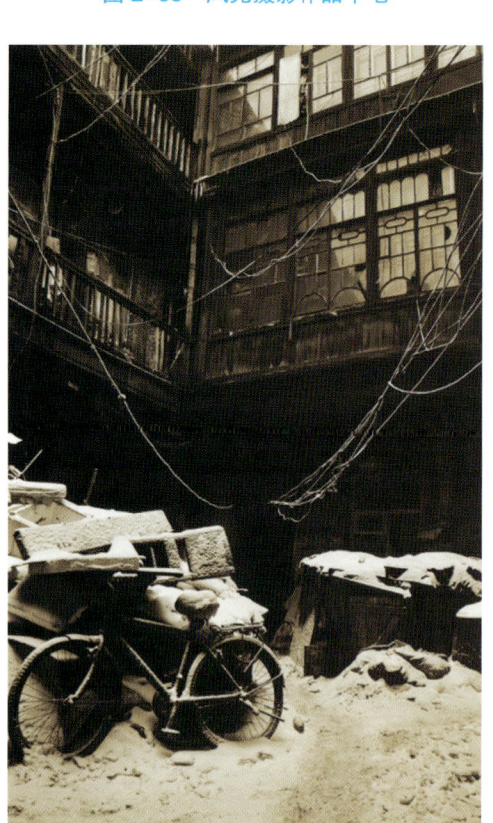

图 2-70　风光摄影作品十九

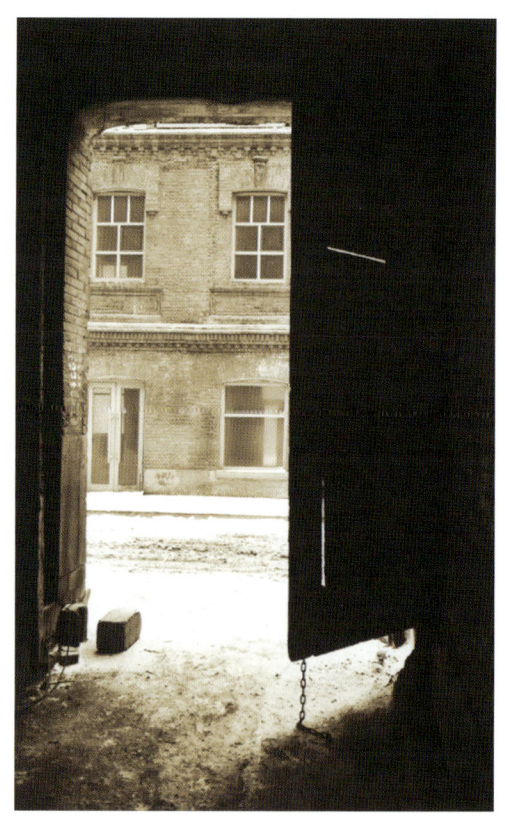

图 2-71　风光摄影作品二十

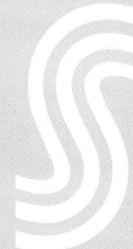

Shuma Sheying Xiangmushi Jiaocheng

项目三

数码摄影的后期调整

任务一 曝光的后期调整

一、照片的直方图

在进行数码照片拍摄和后期处理的时候，经常在相机的液晶屏上或计算机的显示屏上看到图 3-1 和图 3-2 所示的图片，这些图片称为直方图。

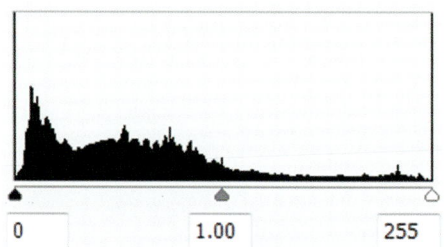

图 3-1 直方图一

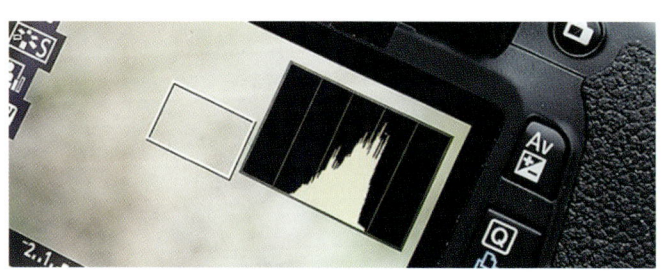

图 3-2 直方图二

直方图以坐标轴上波形图的形式显示照片的曝光精度，其横轴表示亮度等级，从左侧 0（暗色调）到右侧 255（亮色调），将照片的亮度等级分为 256 级，而纵轴则表示每个亮度等级下的像素个数，峰值越高说明该明暗值的像素数量越多，在画面中所占的面积也就越大，将纵轴上这些像素数值点连接起来，就形成了连续的直方图波形。通过直方图的横轴和纵轴可以理性地判断曝光是否合适，影像的层次是否丰富，是否超出了数码相机的动态范围等。

通过直方图可以判断照片的曝光和亮度分布情况。直方图中的像素色块偏向于左边，说明这张照片的整体色调偏暗，也可以理解为照片曝光不足。而像素色块集中在右边，说明这张照片整体色调偏亮，除非是特殊构图需要，否则可以理解为照片曝光过度。

　　根据图3-3所示的直方图可以看出，像素主要集中在中间区域，左侧阴影和右侧高光区域没有像素，这时张照片就会出现对比度太小，整体发"灰"的情况，如图3-4所示。

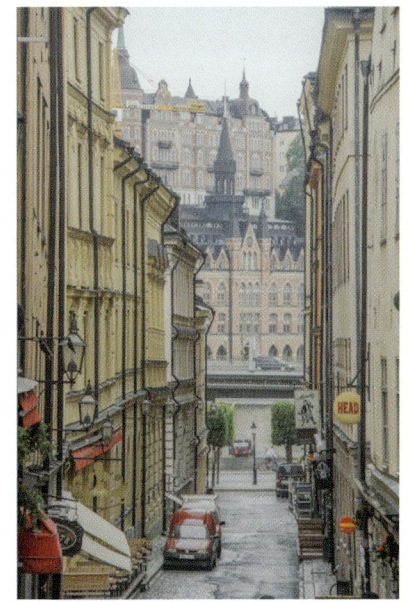

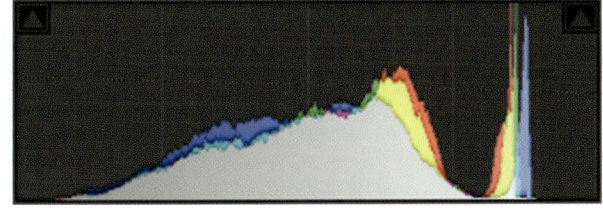

图3-3　像素主要集中在中间区域　　　　　　图3-4　直方图照片一

　　根据图3-5所示的直方图可以看出，大片像素集中在右侧区域，说明图像中的高光部分很多，可以认为这是一张曝光过度的照片，如图3-6所示。

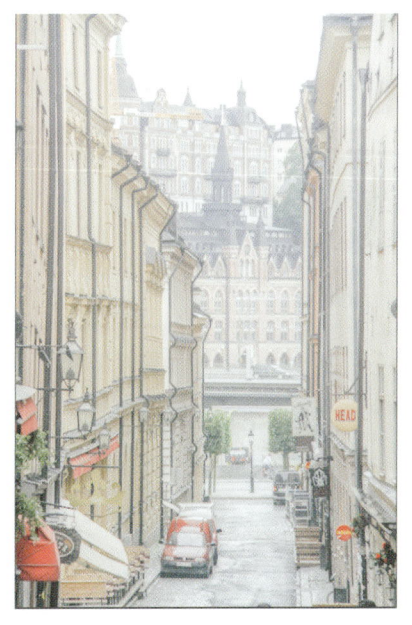

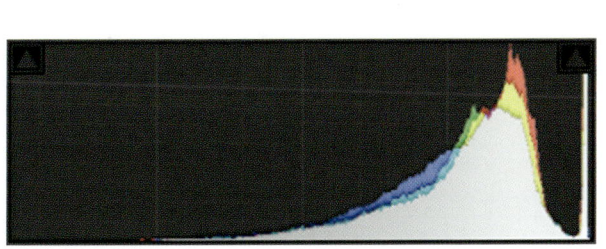

图3-5　大片像素集中在右侧区域　　　　　　图3-6　直方图照片二

　　根据图3-7所示的直方图可以看出，大片像素集中在左侧区域，说明图像中的暗影部分很多，可以认为这是一张曝光不足的照片，如图3-8所示。

　　根据图3-9所示的直方图所表达的内容，这张图片的亮度基本都在其所能表现的范围内，并没有太多的溢出部分。更为关键的是，这张图片中各个物体的亮度是符合一般认识的，可以认为这张图片的曝光是比较准确的，如图 3-10 所示。

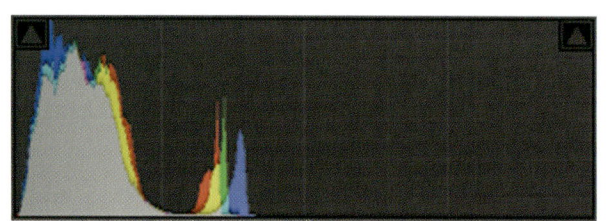

图 3-7　大片像素集中在左侧区域

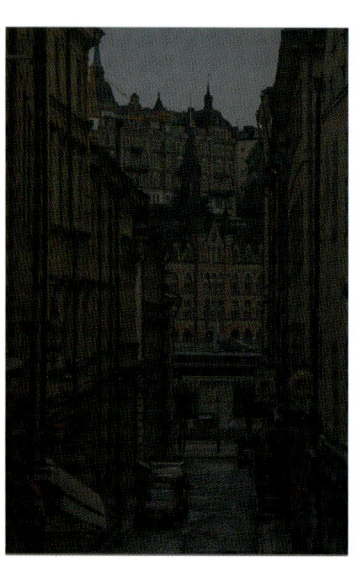

图 3-8　直方图照片三

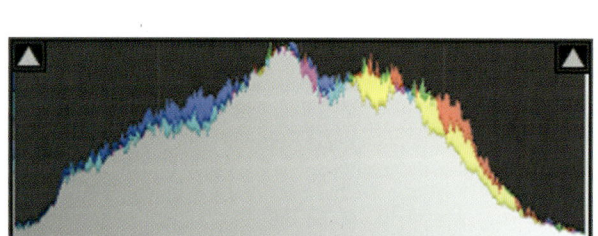

图 3-9　亮度基本都在其所能表现的范围内

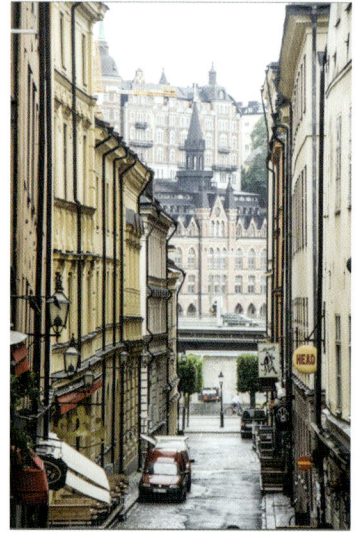

图 3-10　直方图照片四

　　经验丰富的拍摄者可根据直方图的数据，大体估测出应该补偿的曝光量，手动对光圈、快门速度等曝光参数进行调整，这样不仅可以得到合适的曝光量，而且还可以根据实际的情况，结合景深等得到更为合理的曝光参数。改变曝光量的方法有很多，但无论采用何种方法，关键是要了解直方图的含义，确保在拍摄前对拍摄结果心中有数，从而拍摄到色阶分布合理的图像。

二、利用色阶调整曝光

　　利用 Photoshop 中的色阶工具（见图 3-11）可以对照片的高光、暗部和中间影调进行调整。使用色阶工具时，出现的直方图会显示图像中影调的分布情况。要让图像变暗，就把黑色滑块向右拖动。如果想让图像变亮，则把白色滑块向左拖动。把两个滑块都向中间拖动，则图像的反差加大。

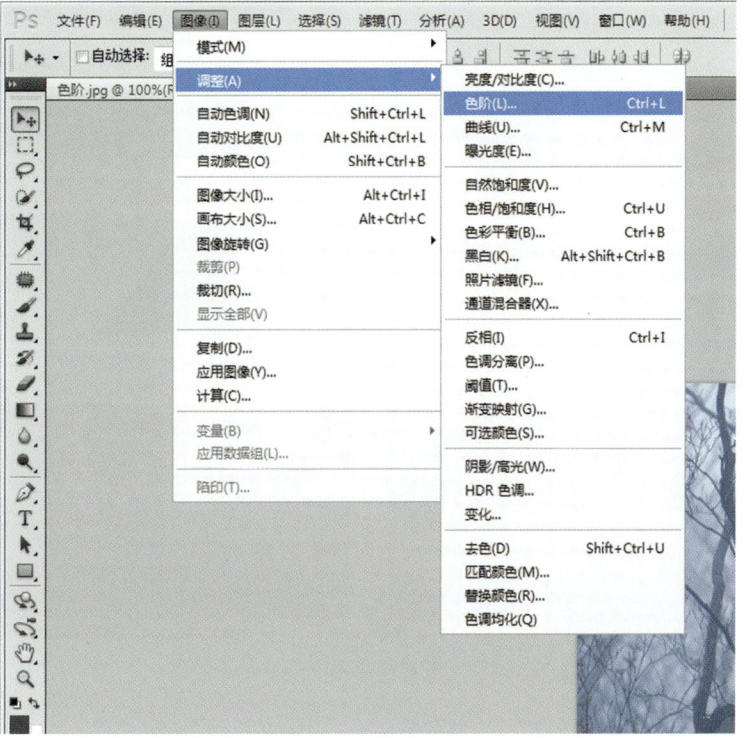

图 3-11　色阶工具

黑色滑块向右拖动，图像变暗，如图 3-12 所示；白色滑块向左拖动，图像变亮，如图 3-13 所示。

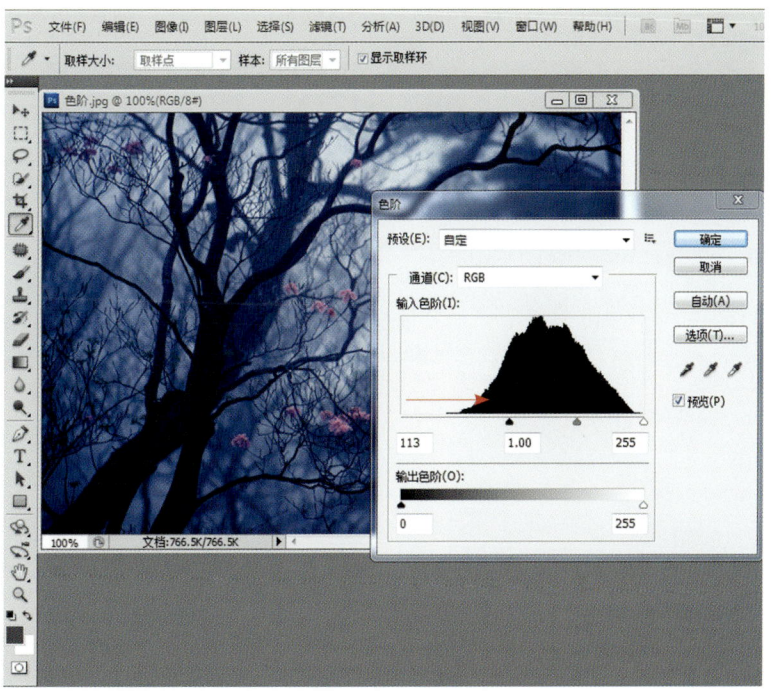

图 3-12　黑色滑块向右拖动，图像变暗

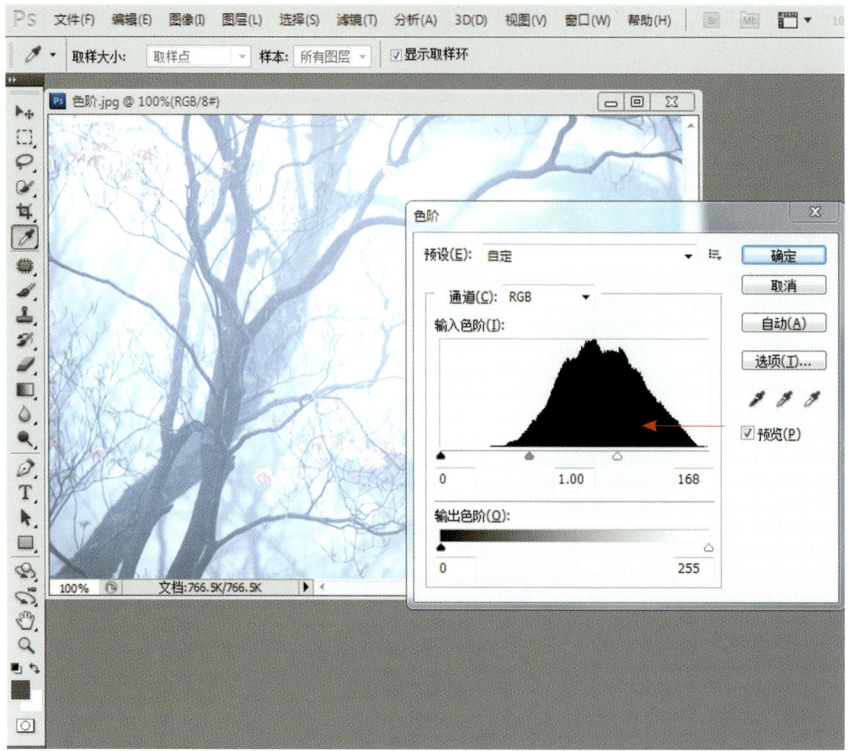

图 3-13　白色滑块向左拖动，图像变亮

从图 3-14 可以看出，整张照片反差很小，利用色阶工具将黑色滑块向右拖动至有色阶像素的区域，将白色滑块向左拖动至有色阶像素的区域，就可以得到一张反差较大的照片，如图 3-15 所示。

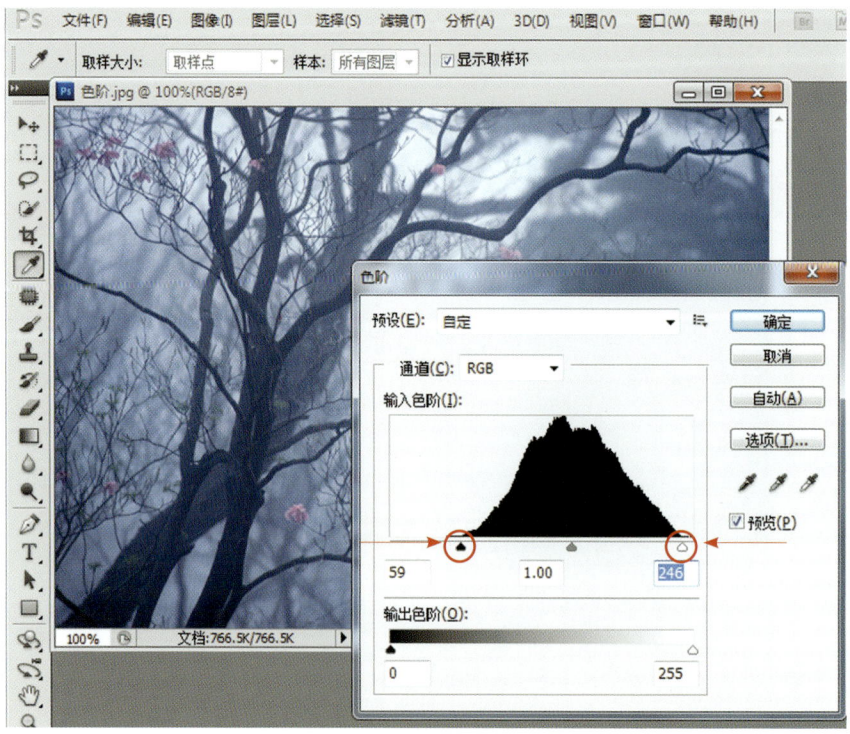

图 3-14　反差很小的照片

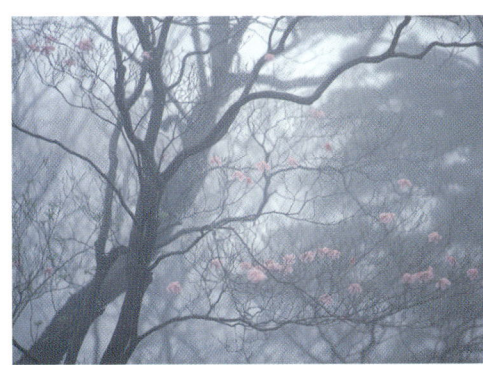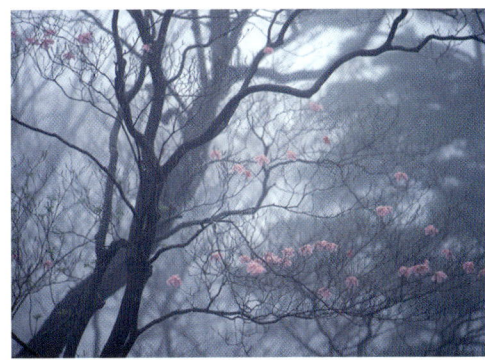

图 3-15　利用色阶工具调整照片的前后对比

色阶工具除了可以帮助我们将照片变亮、变暗或加大照片的对比度外，还有一项非常实用的功能，即使用黑、白、灰三种颜色的滴管（见图 3-16）分别选取照片中的黑场、白场和灰场，从而使照片调整更加准确。

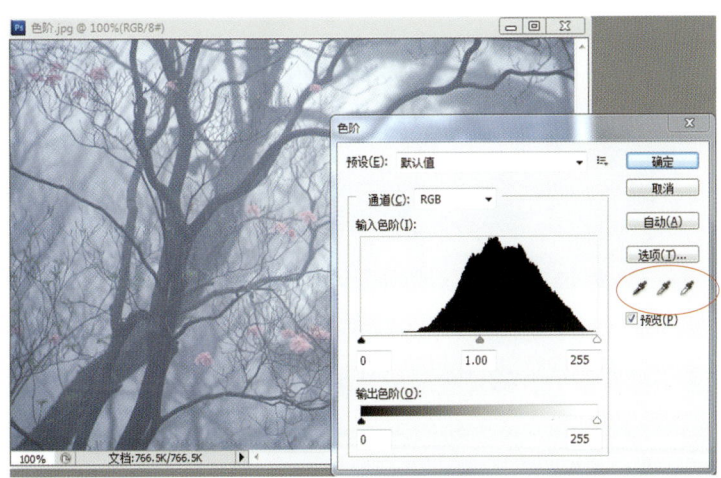

图 3-16　三种颜色的滴管

利用色阶工具中的黑色滴管和白色滴管分别点选照片中的黑场和白场，可以获得准确的曝光并提高照片的对比度，如图 3-17 所示。

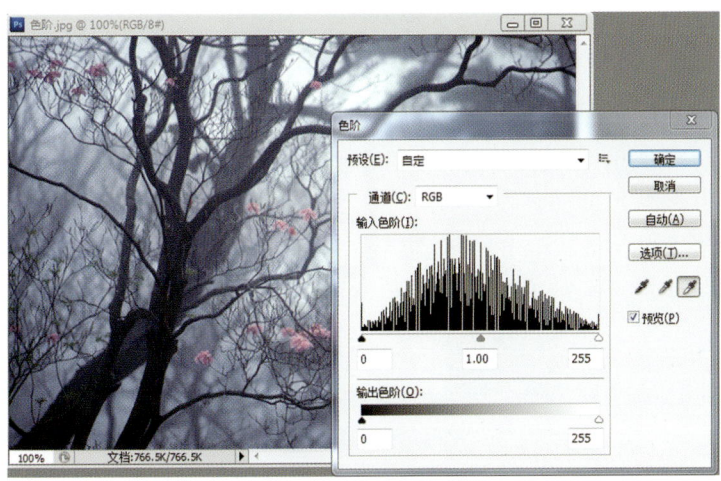

图 3-17　利用黑色滴管和白色滴管处理照片

三、利用曲线工具调整曝光

利用 Photoshop 中的曲线工具（见图 3–18）同样可以对照片的曝光进行调整。使用曲线工具时，也会出现这张照片的直方图。在 RGB 色彩模式下如果要让图像变暗，可以把曲线的弧度调整至向下。相反，如果想让图像变亮，则把曲线的弧度调整至向上。而在 CMYK 色彩模式下曲线弧度的调整规律与 RGB 色彩模式下的相反。

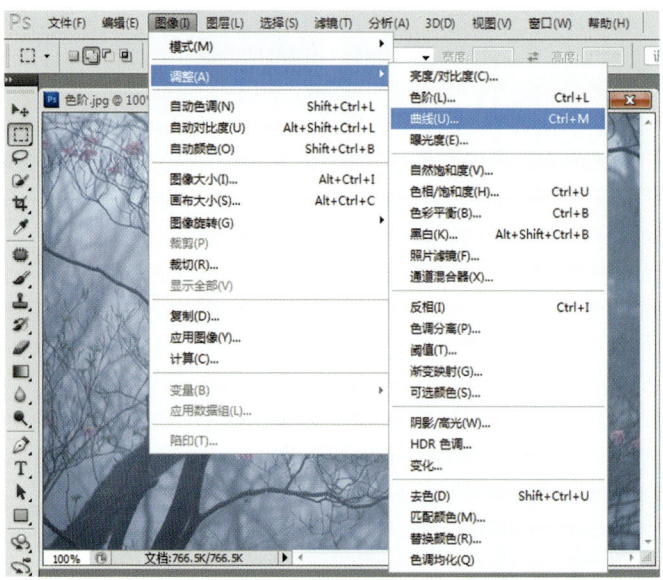

图 3–18　曲线工具

把曲线的弧度调整至向上，照片会随着弧度的增强变得越来越亮，如图 3–19 所示。

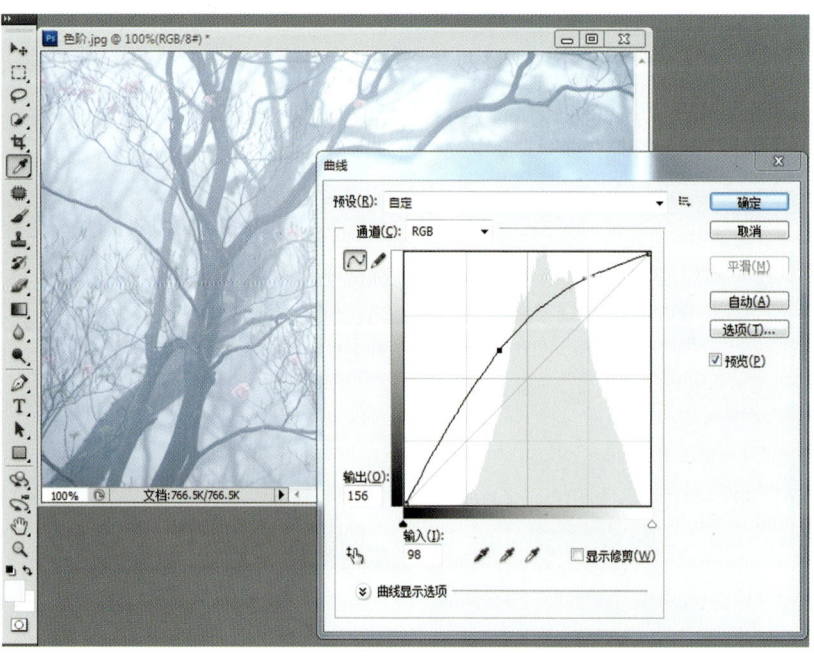

图 3–19　照片变亮

把曲线的弧度调整至向下，照片会随着弧度的增强变得越来越暗，如图 3–20 所示。

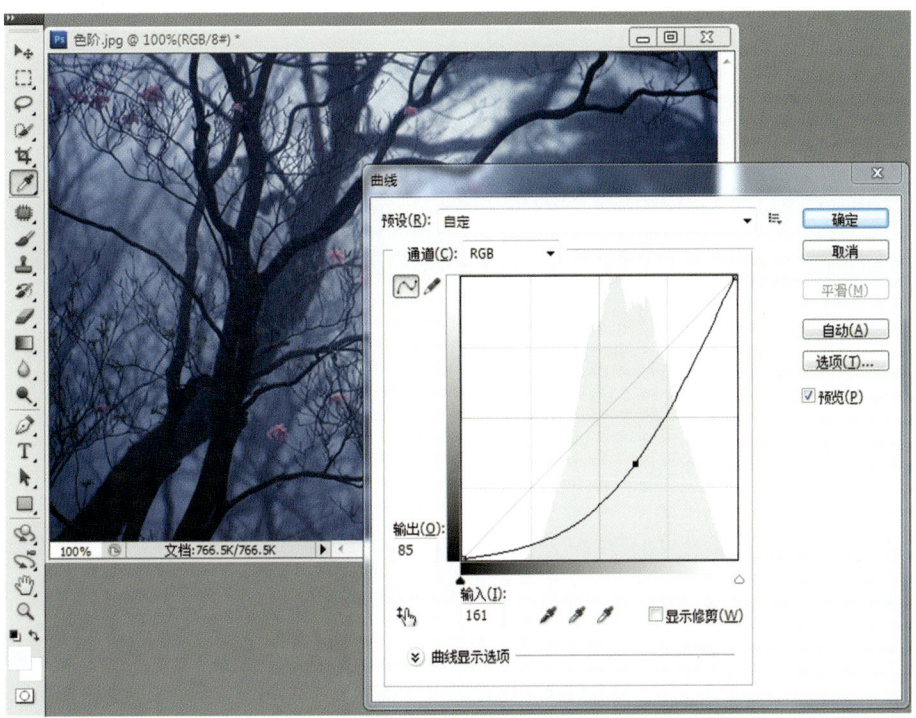

图 3-20　照片变暗

与色阶工具相同，曲线工具同样可以提高照片的对比度，在曲线工具中可以使用"S"形曲线来实现。

把亮部区域向上拉，增加亮部，把暗部区域向下拉，增加暗部，这样画面的明暗对比就得到加强，如图 3-21 所示。

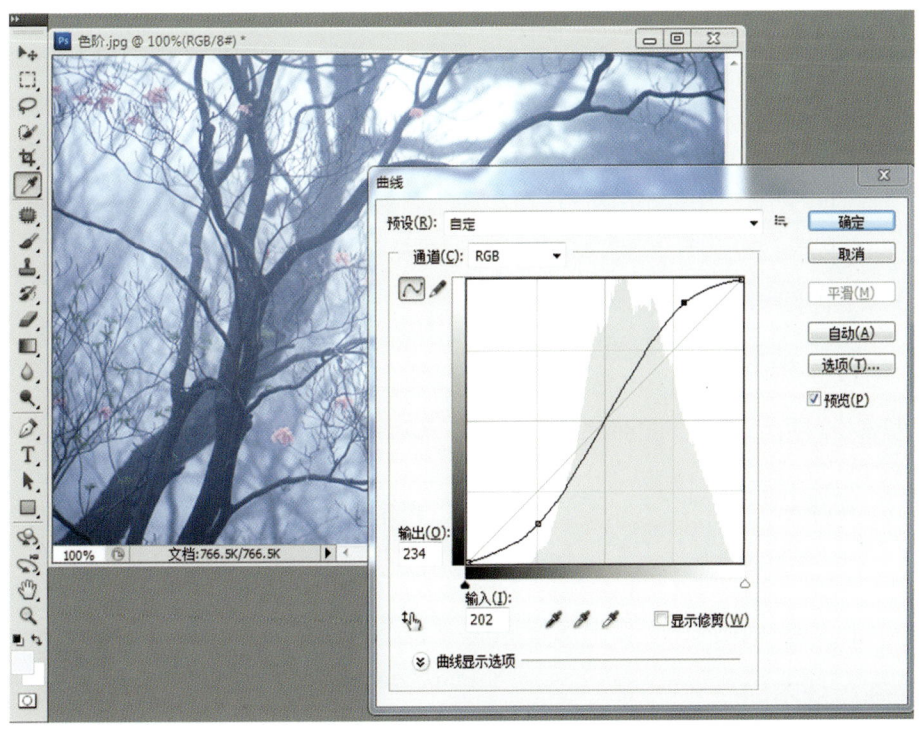

图 3-21　明暗对比加强

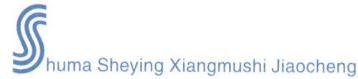
任务二　Camera Raw 调整

一、RAW 的原理

　　RAW 文件是从数码相机的感光元件直接获取的原始数据。其包含的颜色和亮度方面的内容是极其丰富的，甚至超出了人眼所能看到的范围。这就使转换、调整处理 RAW 文件，生成图像文件有了很好的基础。严格地说，RAW 文件并不是图像文件，而是一个数据包，所以一般的图像浏览软件不能看到 RAW 文件里的图像，需要用一些特殊的图像处理软件来转换，才能形成图像文件。由于 RAW 文件保留了所拍摄景物极其丰富的细节，故可以利用图像处理软件对 RAW 文件进行最大可能的优化处理，更好地控制图像的影调和颜色，获得高水准的图像质量。此外，由于 RAW 文件拥有 12 位和 16 位数据的颜色和层次细节，通过转换软件，我们可以从所摄图像的高光区或阴影区获得更多的细节。而这些细节，在 8 位的 JPEG 或 TIFF 格式图像文件中是不可能保留的。

　　RAW 与平时拍摄的 JPEG 文件不同，RAW 是一种"未经加工"的原始图片格式。举个简单的例子，在胶片时代，要通过底片来冲印出相片，如果把 JPEG 看作冲印出来的相片，那么 RAW 就是底片。需要注意的是，将照片设置为 RAW 格式后所拍摄图像文件的后缀名并不一定是 RAW，RAW 只是这类未经加工图像的统称。各家相机厂商会采用不同的编码方式来记录 RAW 数据，所以相应的后缀名也不同。比如常见的佳能数码相机 RAW 文件名采用 CR2 表示，而尼康则采用 NEF 命名。

　　接下来通过同一张照片不同格式的对比来看一下 RAW 与 JPEG 的差别。

1. 文件体积不同

如图 3-22 所示，从文件的体积大小上看，RAW 格式的文件要比 JPEG 文件大很多。

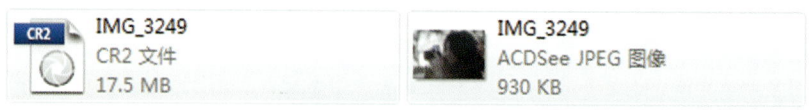

图 3-22　文件的体积大小

2. 画质的不同

RAW 文件保留了所拍摄景物极其丰富的细节，可以获得更好的图像颜色和更高水准的图像质量，如图 3-23 所示。

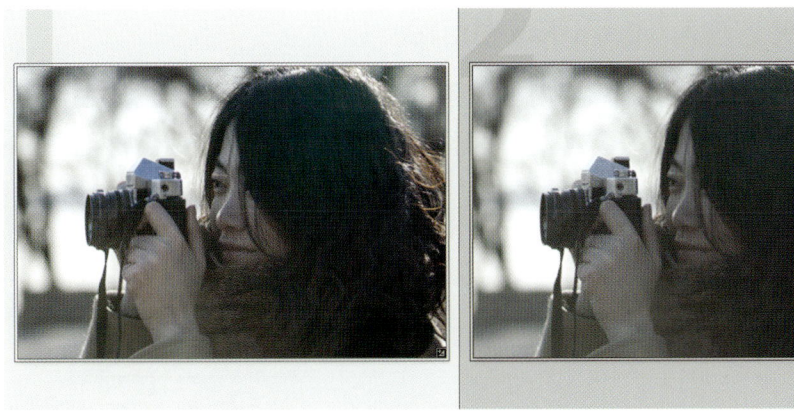

RAW   JPEG

图 3-23 图像质量对比

3．打开方式不同

目前主流的看图软件和图像处理软件可以完美地查看并处理 JPEG 图像格式，但是 RAW 格式的文件却不能直接使用常规的软件打开。一般来说，可以使用购买相机时附赠光盘中的软件来打开和导出 RAW 格式文件，这是比较好的选择。当然，也可以选择使用通用格式的第三方应用软件来打开 RAW 格式文件。打开 RAW 格式文件的第三方软件有很多种，这里推荐使用 Adobe 公司开发的 Camera Raw 插件，用它打开相片如图 3-24 所示。

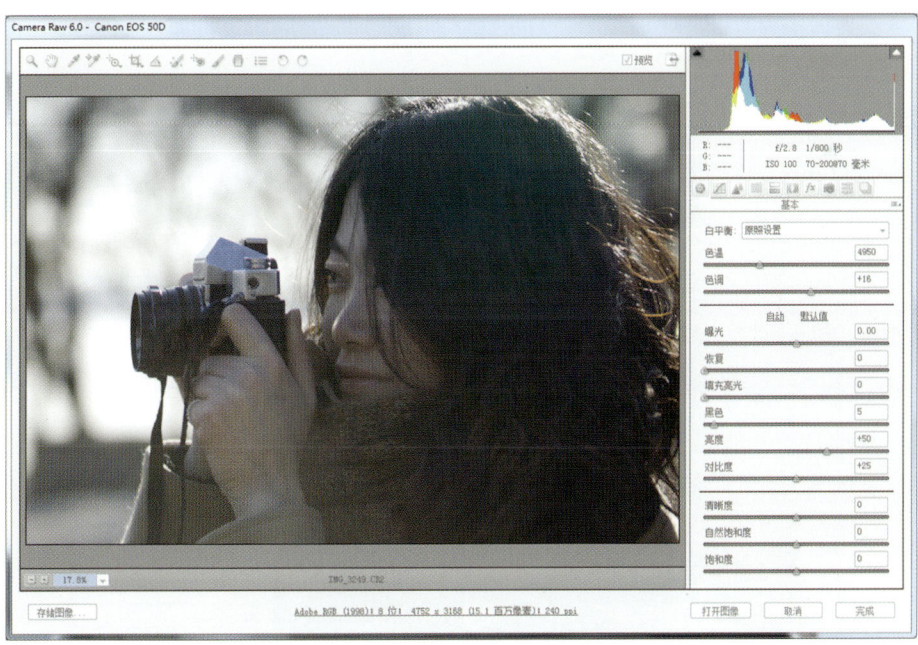

图 3-24 用 Camera Raw 打开相片

二、RAW 的一般后期调整流程

掌握了 RAW 文件的原理之后，下面介绍在 Photoshop 中使用 Camera Raw 插件对

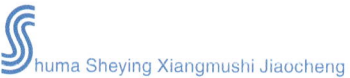

RAW 格式文件处理的具体过程。

1．打开文件，进入 Camera Raw 对话框

在 Photoshop 中打开 RAW 文件之后会自动进入 Camera Raw 对话框（见图 3–25）。这个对话框是专为转换和处理 RAW 文件而准备的，它可以打开不同品牌相机的 RAW 格式文件，具有很好的兼容性。在该对话框的右上方显示了数码照片的直方图，直方图下方为参数设置区。

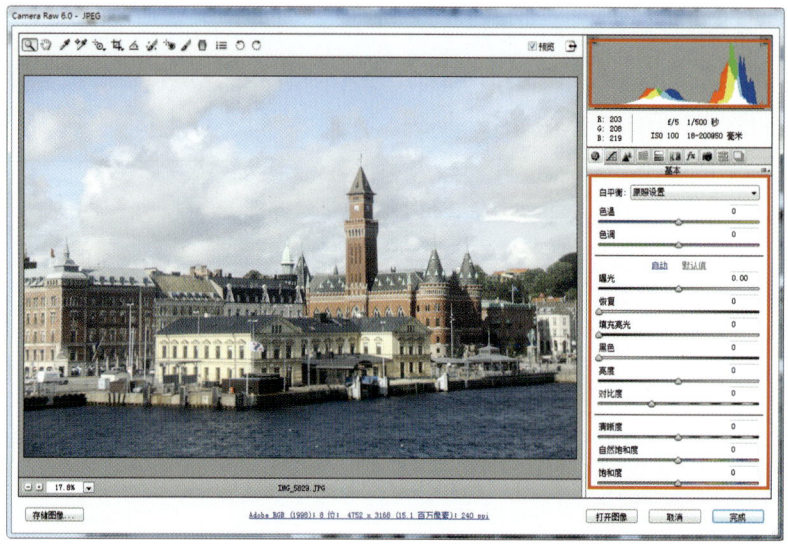

图 3–25　Camera Raw 对话框

2．设置色温

在参数设置区找到"色温"控制选项，通过左右移动滑块来调节色温，获得精确的白平衡。针对图 3–25 所示的这张照片，为了获得较蓝的天空效果，可以适当将色温降低一些，以使照片色调偏蓝色，如图 3–26 所示。

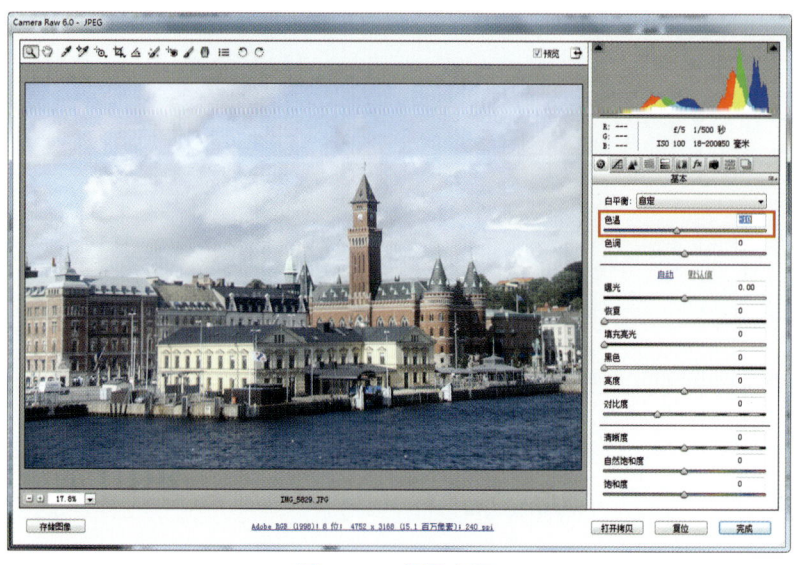

图 3–26　设置色温

3.调节曝光

通过曝光、恢复、填充亮光、黑色、亮度、对比度等控制选项来对数码照片的曝光值进行调节。针对图3-26所示的照片，要增加整张照片的对比度，可以调节"对比度"滑块以使照片看起来更加通透，如图3-27（a）所示。同时暗部区域的对比度不够高，可以利用"黑色"控制选项在不影响照片整体亮度的情况下使暗部区域的对比度增强，如图3-27（b）所示。

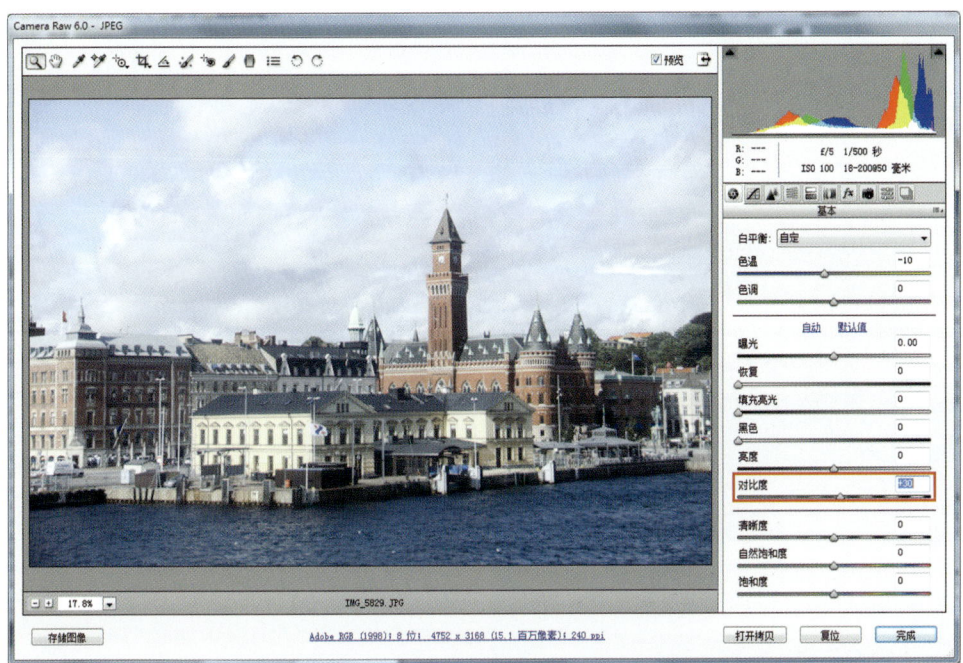

（a）

（b）

图3-27　调节曝光

4．调节自然饱和度、清晰度

调节自然饱和度，可以使照片获得理想的色彩效果；调节清晰度，可以有效调整照片的锐度。调节自然饱和度、清晰度的效果如图 3-28 所示。

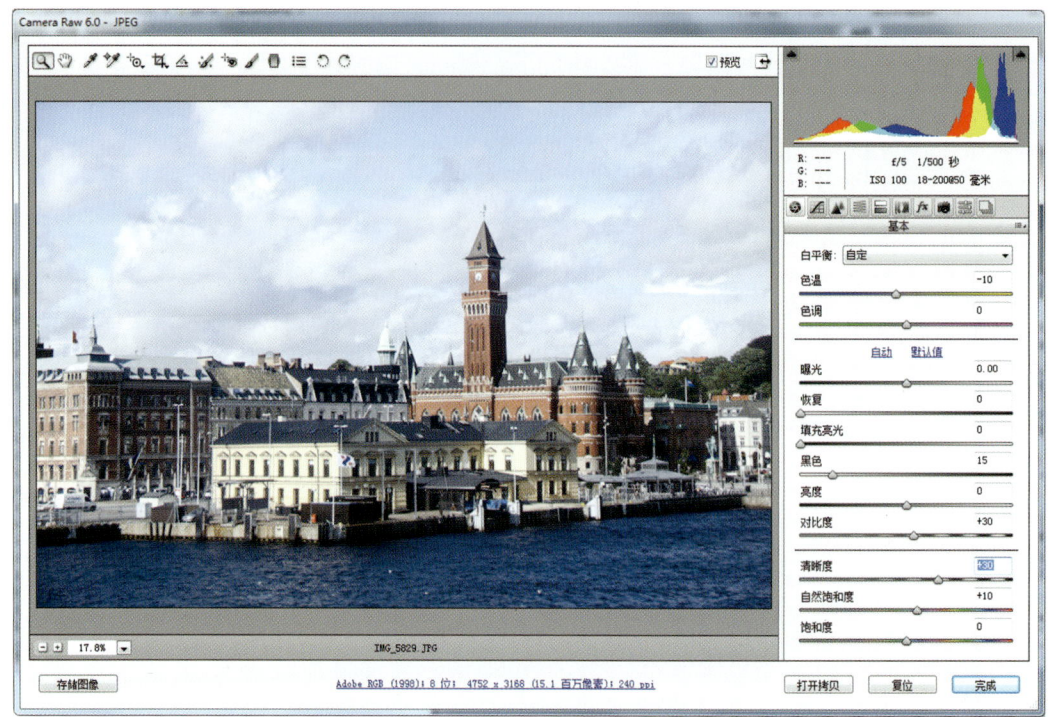

图 3-28　调节自然饱和度、清晰度

三、RAW 照片细节控制

针对 RAW 格式照片的处理操作还包括对许多重要细节的修饰。众所周知，数码照片普遍存在暗角不当、有噪点、锐度不高等方面的问题，但是对 RAW 格式的照片，利用 Camera Raw 中相应的工具，可以方便、迅速地解决这些问题。

1．调节暗角

在平时摄影创作的时候经常会有这样的体验：使用镜头的广角端，特别是在大光圈的情况下，拍出的照片四角容易出现阴影，也就是俗称的"暗角"。在 Camera Raw 中，既可以减轻暗角，使画面曝光均匀，又可以加重这种效果，以增添画面的气氛，强化视觉效果。进入 Camera Raw 对话框的"镜头校正"面板，有一个"镜头晕影"控制选项，向左滑动滑块可以加深暗角，向右滑动滑块可以减轻暗角，我们可以根据实际需要进行调节。

在 Camera Raw 对话框的"效果"面板中有一个"裁剪后晕影"控制选项，通过它可以获得比镜头晕影更加夸张的暗角效果，增添照片的低沉气氛，如图 3-29 所示。

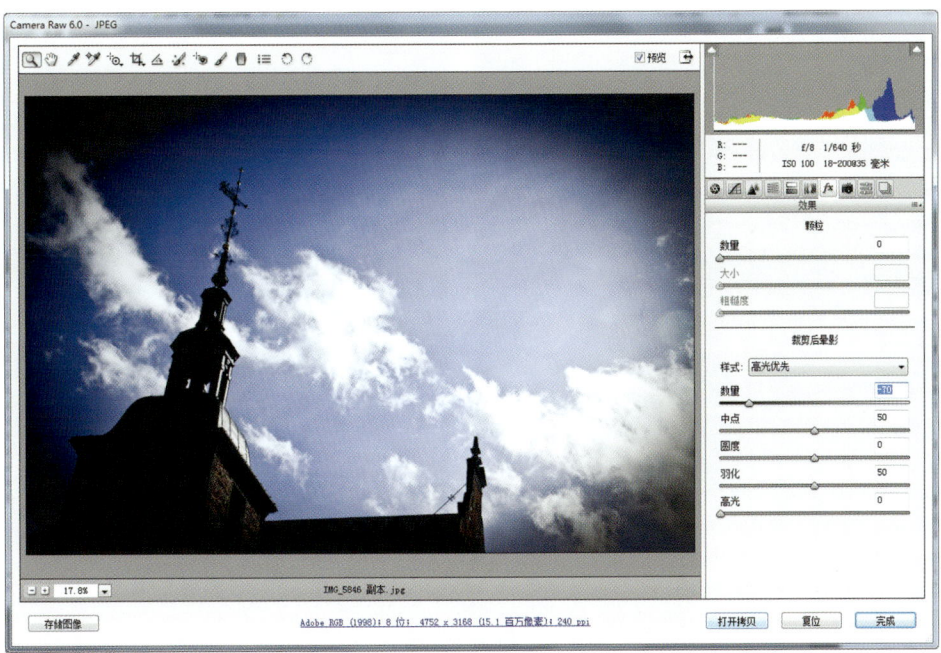

图 3-29　调节暗角

2．减少噪点

当使用高感光度或慢速快门长时间曝光时，数码照片的噪点问题一直都是最为头疼的问题。Camera Raw 可以减少画面的噪点带来的瑕疵。进入 Camera Raw 对话框的"细节"面板，有一个"减少杂色"控制选项，调节相应的参数就可以轻松完成对图像的降噪，如图 3-30 所示。

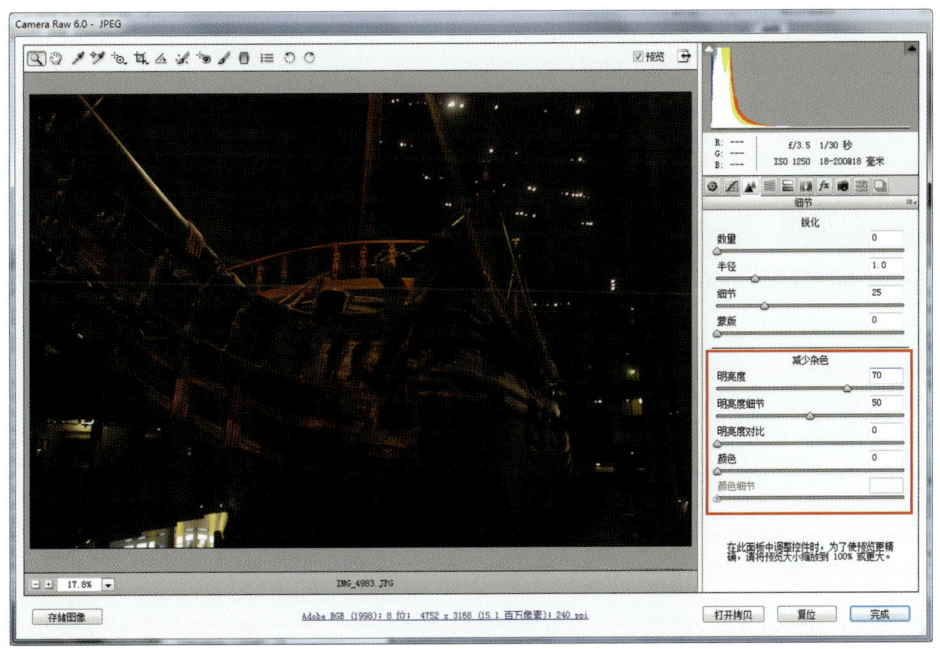

图 3-30　降噪

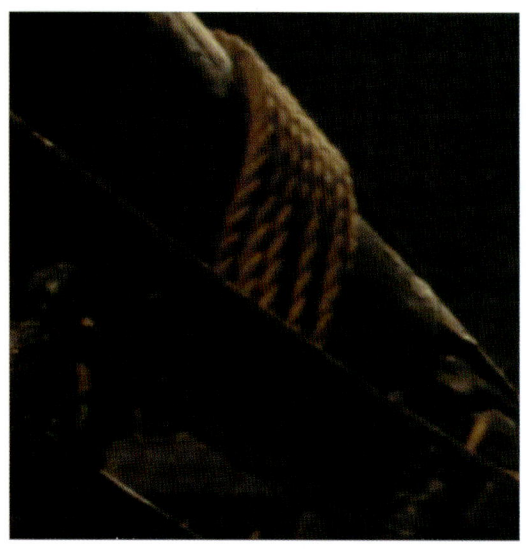 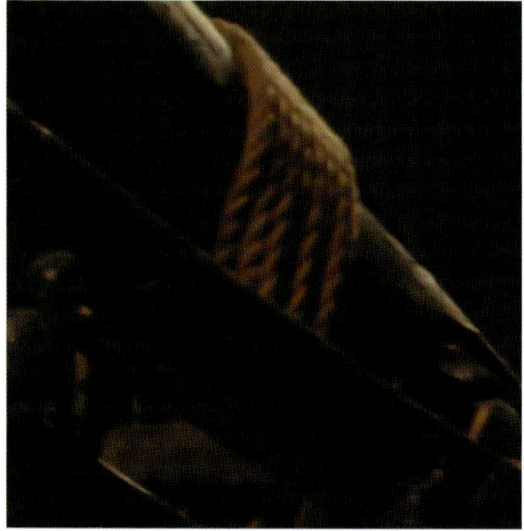

降噪前　　　　　　　　　　　　　　　　　降噪后

续图 3-30

3．锐化影像

运用 Photoshop 中的锐化工具时，如果设置不当，可能会使锐化过度，而 Camera Raw 中的锐化工具则精细很多。进入 Camera Raw 对话框的"细节"面板，有一个"锐化"控制选项，调节相应的参数可以获得理想的锐化效果，如图 3-31 所示。

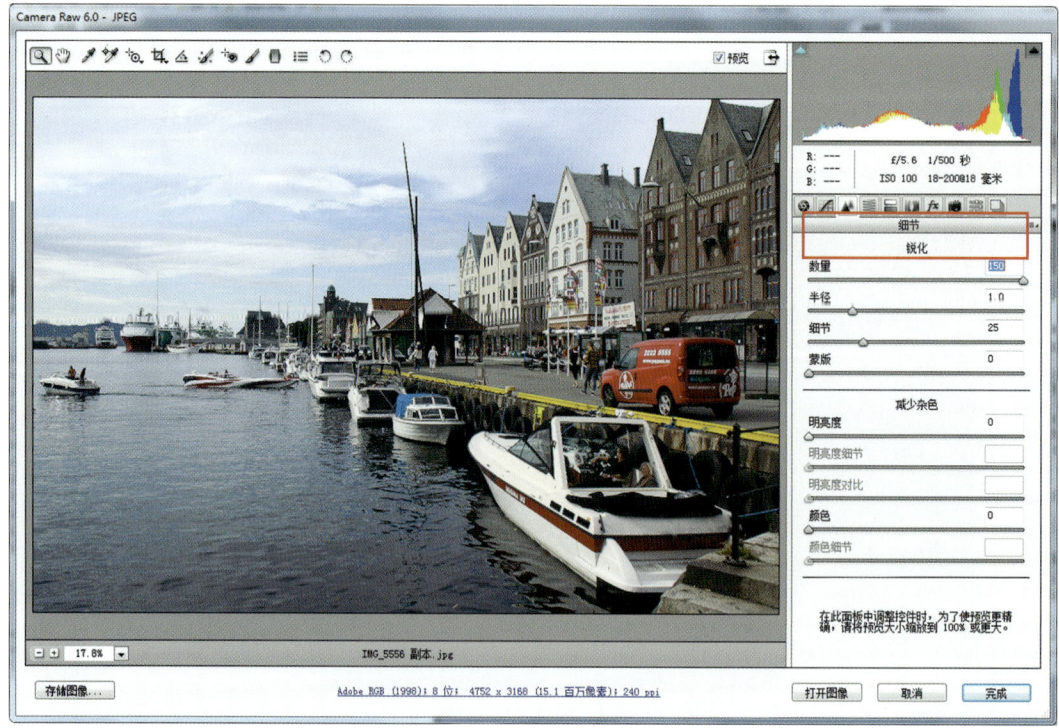

图 3-31　锐化处理

任务三　修补照片缺陷

一、污点修复画笔工具

污点修复画笔工具是 Photoshop 中处理照片常用的工具之一。利用污点修复画笔工具可以快速移去照片中的污点和其他不理想部分。

如图 3-32 所示，在工具箱中选择污点修复画笔工具，选择合适的笔刷大小，在图片中瑕疵部分单击，完成修复。

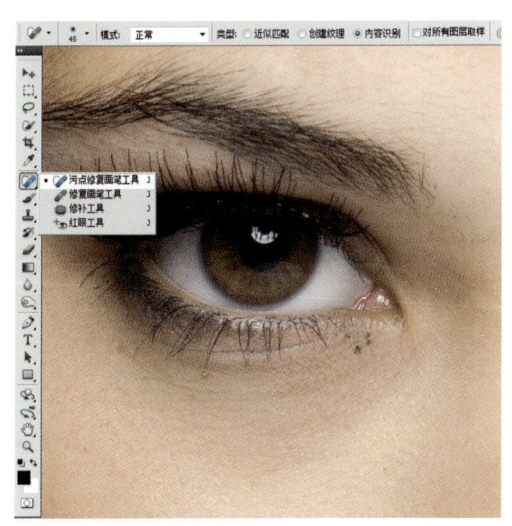

选择污点修复画笔工具　　　　　　　　　　去除眼角瑕疵之后的效果

图 3-32　使用污点修复画笔工具处理

二、修复画笔工具

使用修复画笔工具同样可以快速移去照片中的污点和不理想部分。使用修复画笔工具前按 Alt 键选择参照区域，然后松开 Alt 键，单击需要修复的区域即可完成修复。修复画笔工具处理过程如图 3-33 所示。

三、修补工具

修补工具的效果和修复画笔工具的类似。使用修补工具时，首先圈选要被修补掉的画

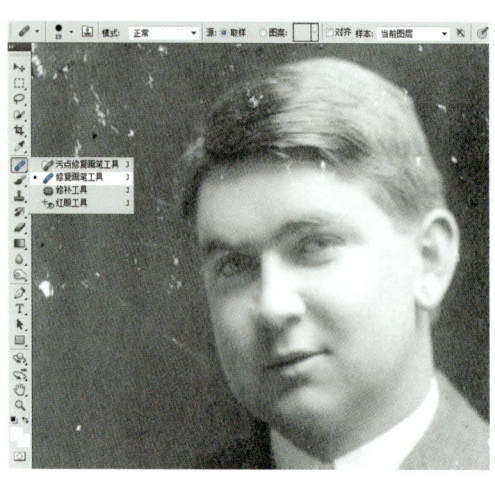
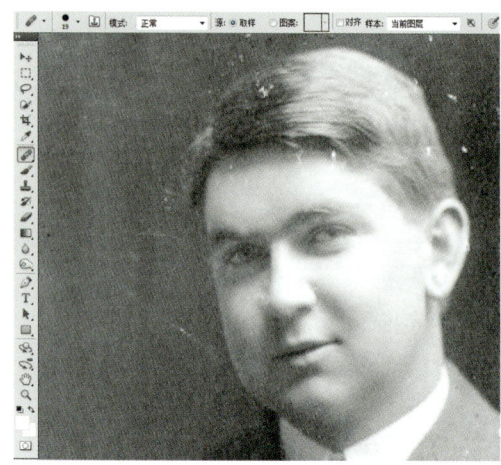

选择修复画笔工具　　　　　　　　　　　去除背景瑕疵之后的效果

图3-33　使用修复画笔工具处理

面瑕疵区域，然后在该区域内按住鼠标左键不放，拖动鼠标到周围的取样点，直至达到满意效果为止。使用修补工具处理过程如图3-34所示。

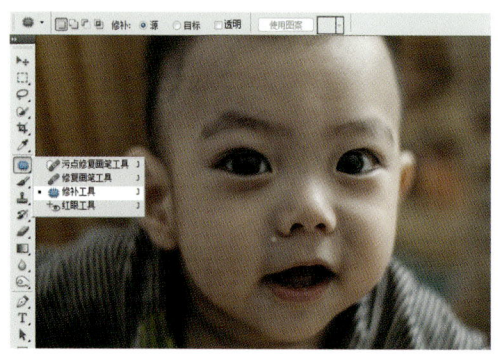
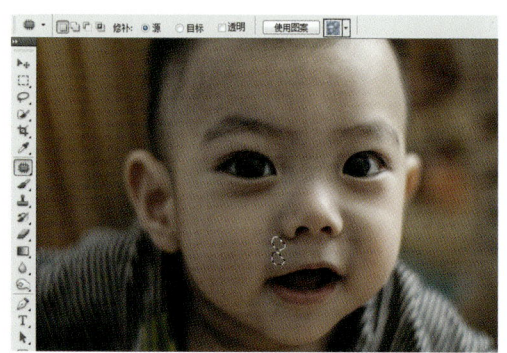

选择修补工具　　　　　　　　　　　　　去除白色瑕疵之后的效果

图3-34　使用修补工具处理

四、红眼工具

选择红眼工具，在照片中的红眼部分单击，红眼便会瞬间消除。如果对效果不满意，可以调节"瞳孔大小"和"变暗量"等相关参数。使用红眼工具处理过程如图3-35所示。

五、利用 Portraiture 滤镜给人物"磨皮"

Portraiture 是一款适用于 Photoshop 的人物"磨皮"（人物润色）插件。目前 Portraiture 被广泛应用于人像图片润色，减少了人工选择图像区域的重复劳动。Portraiture 滤镜安装十分简单，可以在网上下载 Portraiture 试用版进行试用，在安装时只需将该插件复制到 Photoshop 默认插件目录 Photoshop\Plug-ins\Filters 就可以使用了。将 Portraiture 软件复制到 Photoshop 指定文件夹下，如图3-36所示。

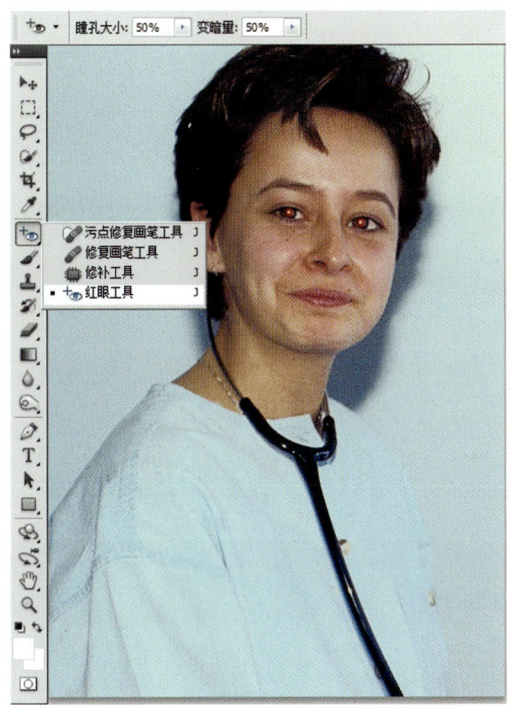

选择红眼工具

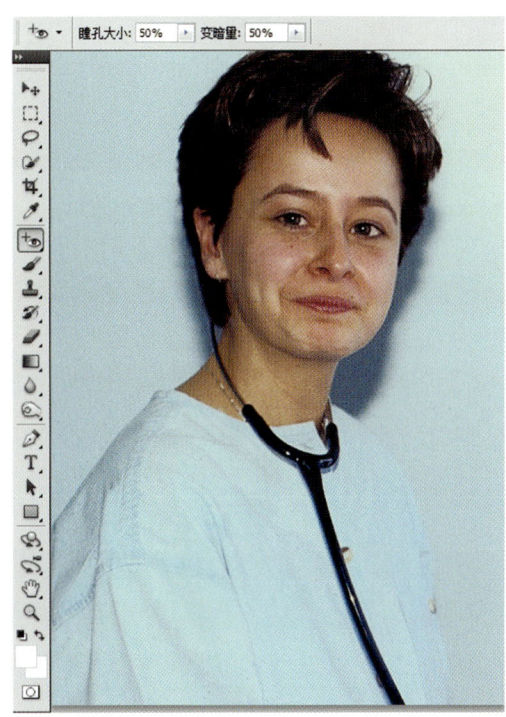

消除红眼之后的效果

图 3-35　使用红眼工具处理

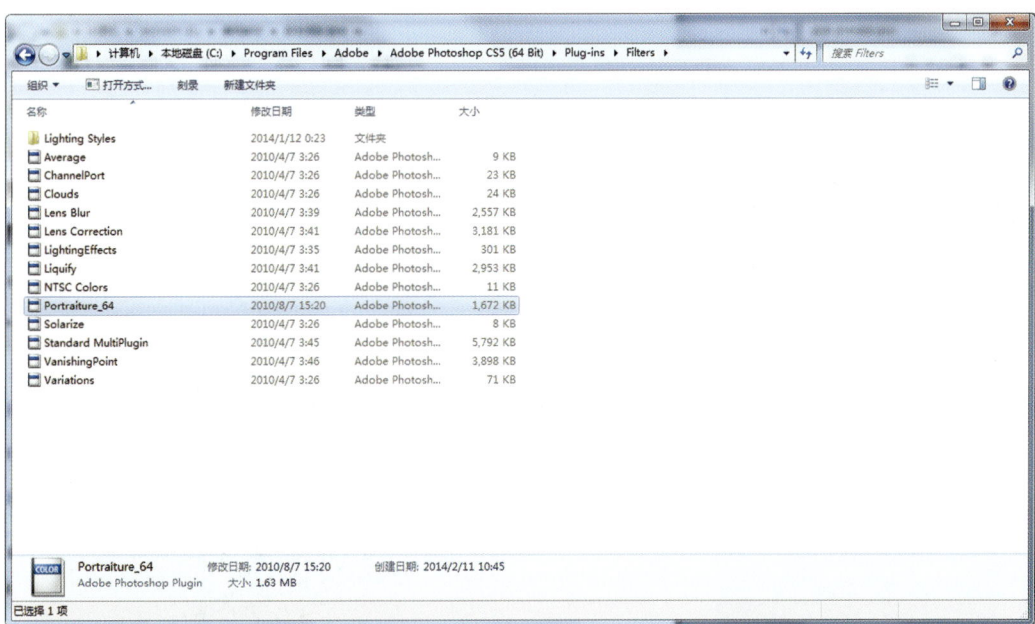

图 3-36　将 Portraiture 插件复制到 Photoshop 指定文件夹下

使用 Portraiture 进行人物"磨皮"的一般步骤如下：

（1）完成滤镜安装之后开启 Photoshop，任意打开一张照片，单击"滤镜—Imagenomic—Portraiture"，如图 3-37 所示。

（2）进入"Portraiture"对话框，选择左边中间区块的滴管（左边的那个），将滴管移到照片人物的皮肤上单击一下，这时右边就会出现所选的色彩区域范围。若色彩范围不够广，可单击加选滴管，再单击其他的色彩区域，将色彩加入。同时，还可以利用滴管下方的一些控制选项进行微调，如图 3-38 所示。

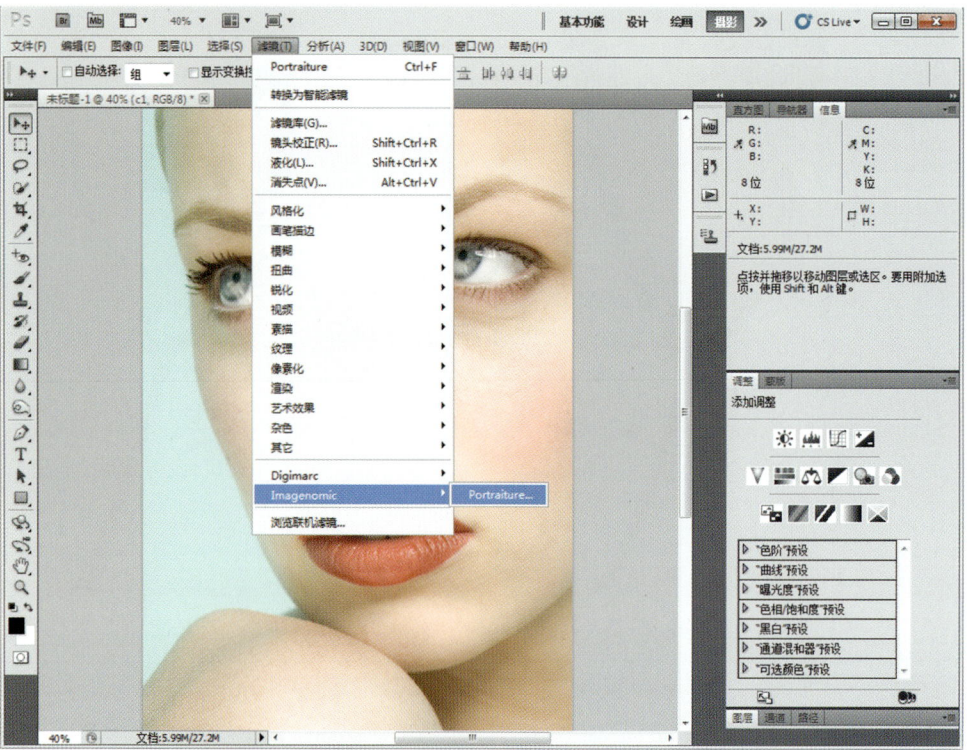

图 3-37　单击"Portraiture"

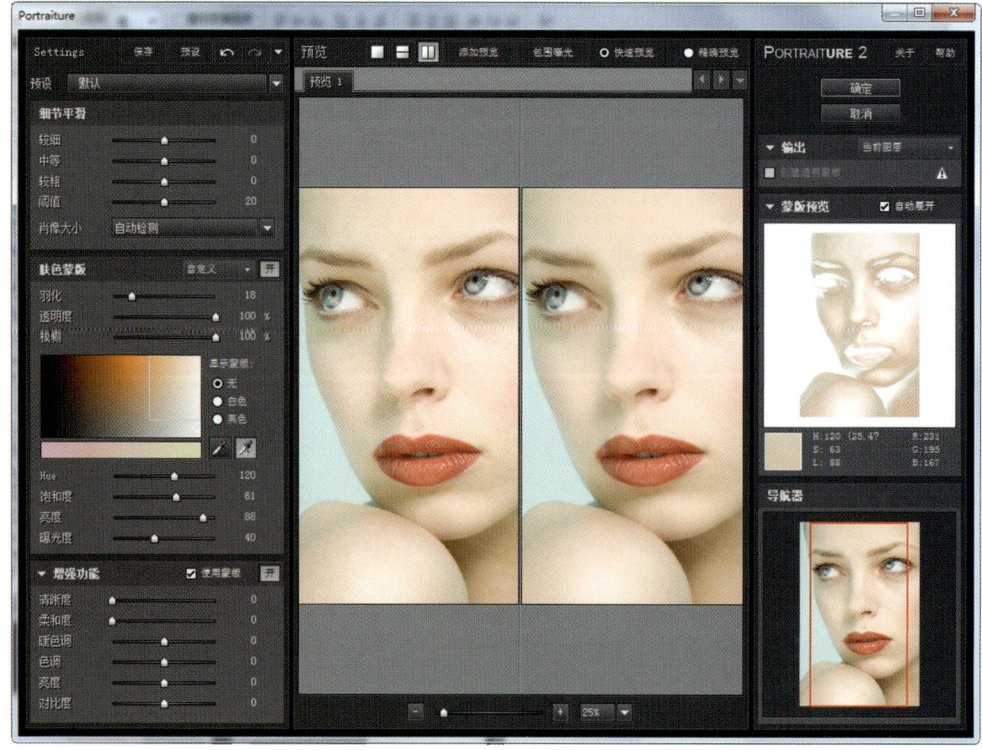

图 3-38　微调

（3）调整左上角细节平滑区块中的选项以获得满意的平滑效果，如图 3-39 所示。

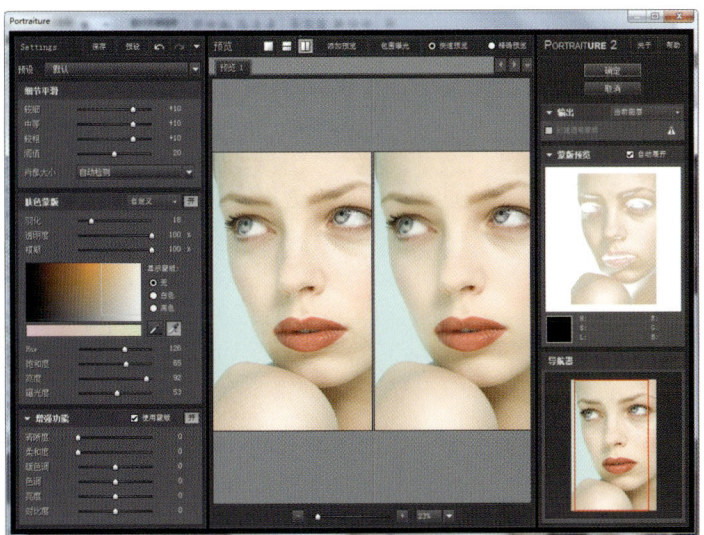

图 3-39　平滑效果

（4）在增强功能区块中对照片做锐化、亮度、色调等调整，如图 3-40 所示。

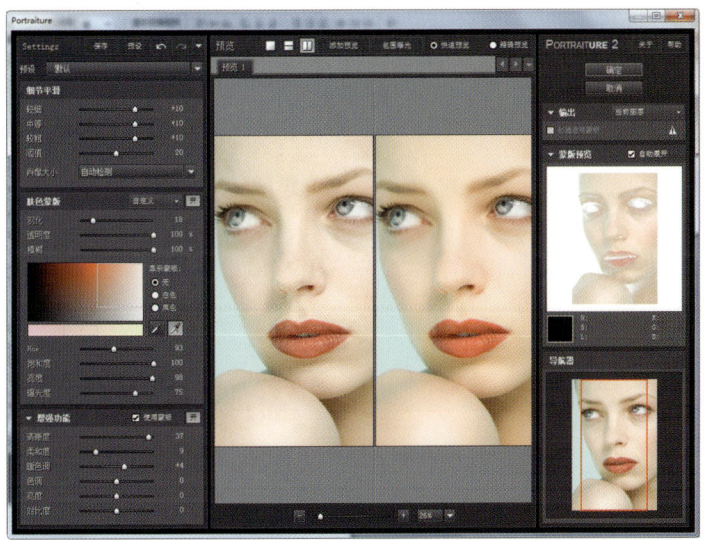

图 3-40　调整增强功能区块中的选项

（5）单击"确定"按钮完成"磨皮"，如图 3-41 所示。

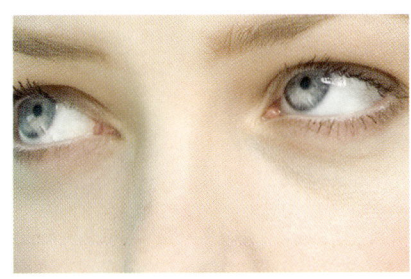
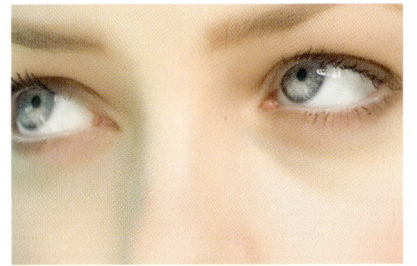

原始照片　　　　　　　　　　应用 Portraiture 软件磨皮后效果

图 3-41　完成"磨皮"

任务四　后期调色实例

一、正片负冲色彩效果

（1）打开素材图片，单击通道面板，选择蓝色通道，然后单击"图像"菜单—"应用图像"命令，在弹出的"应用图像"对话框中选中"反相"，混合模式选用"正片叠底"，不透明度为50％，如图3-42所示，单击"确定"按钮。

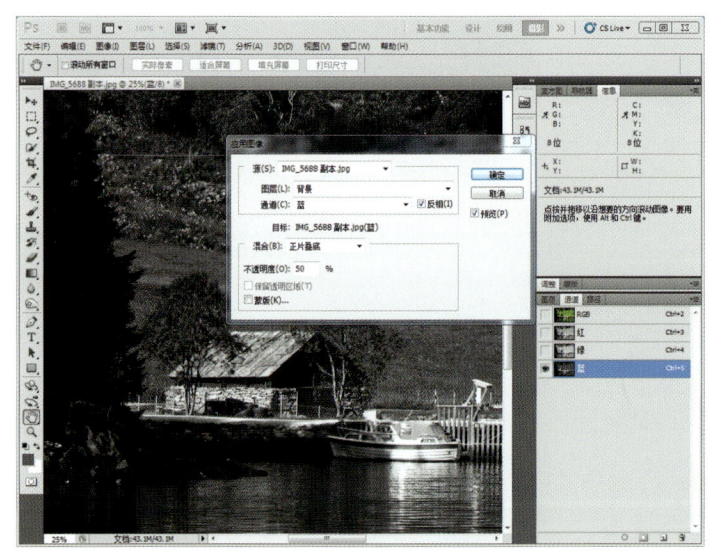

图3-42　蓝色通道图像处理

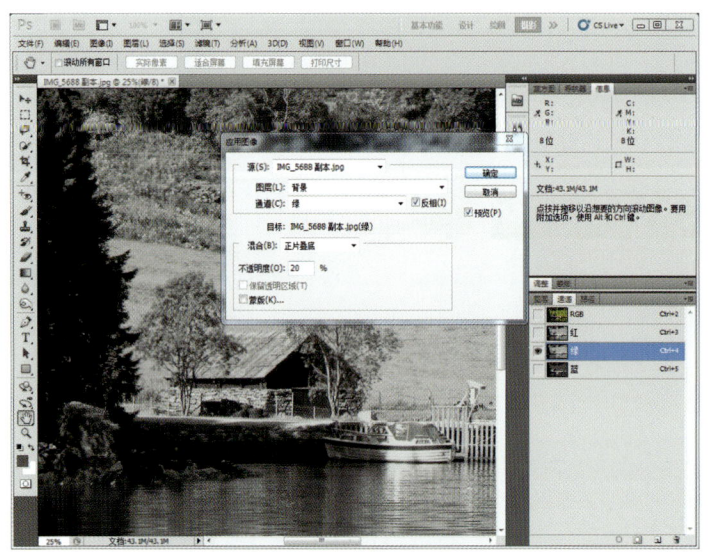

图3-43　绿色通道图像处理

（2）在通道面板中选择绿色通道，然后单击"图像"菜单—"应用图像"命令，在弹出的"应用图像"对话框中选中"反相"，混合模式选用"正片叠底"，不透明度为20％，如图3-43所示，单击"确定"按钮。

（3）在通道面板中选择红色通道，然后单击"图像"菜单—"应用图像"命令，在弹出的"应用图像"对话框中将混合模式改为"颜色加深"，如图 3-44 所示，单击"确定"按钮。

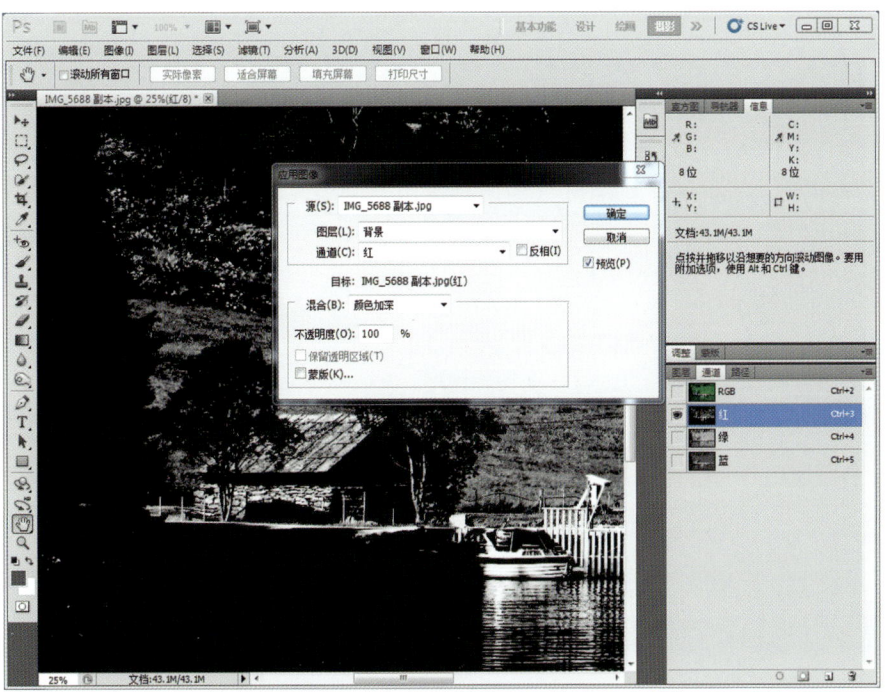

图 3-44　红色通道图像处理

（4）在通道面板中选择蓝色通道，然后单击"图像"—"调整"—"色阶"，在"输入色阶"区域下方分别输入 25、0.75、150，如图 3-45 所示，单击"确定"按钮。

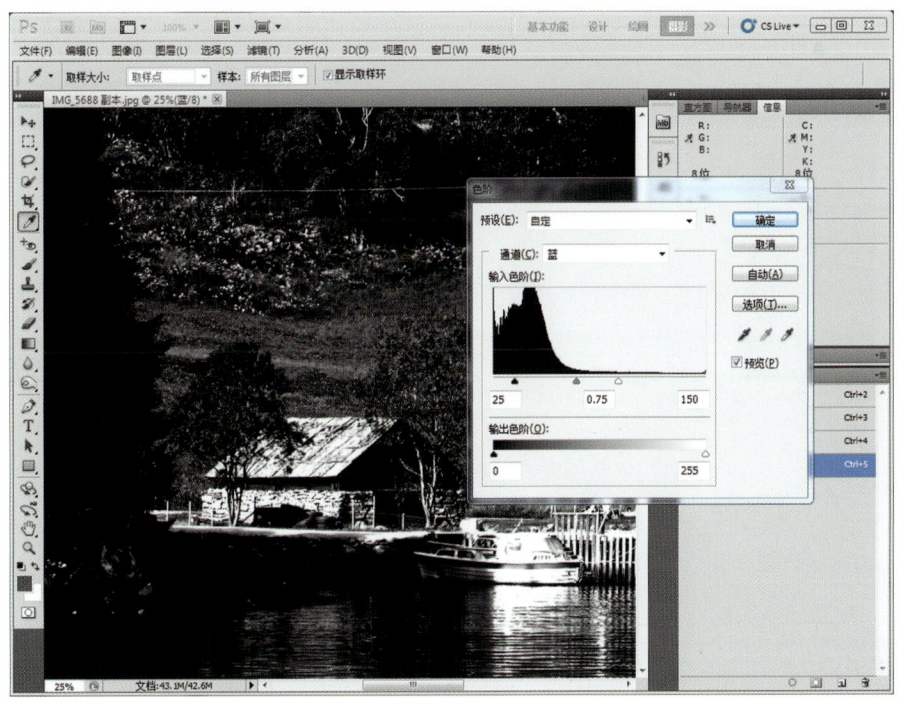

图 3-45　蓝色通道色阶处理

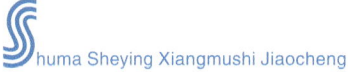
（5）在通道面板中选择绿色通道，然后单击"图像"—"调整"—"色阶"，在"输入色阶"区域下方分别输入 40、1.20、220，如图 3-46 所示，单击"确定"按钮。

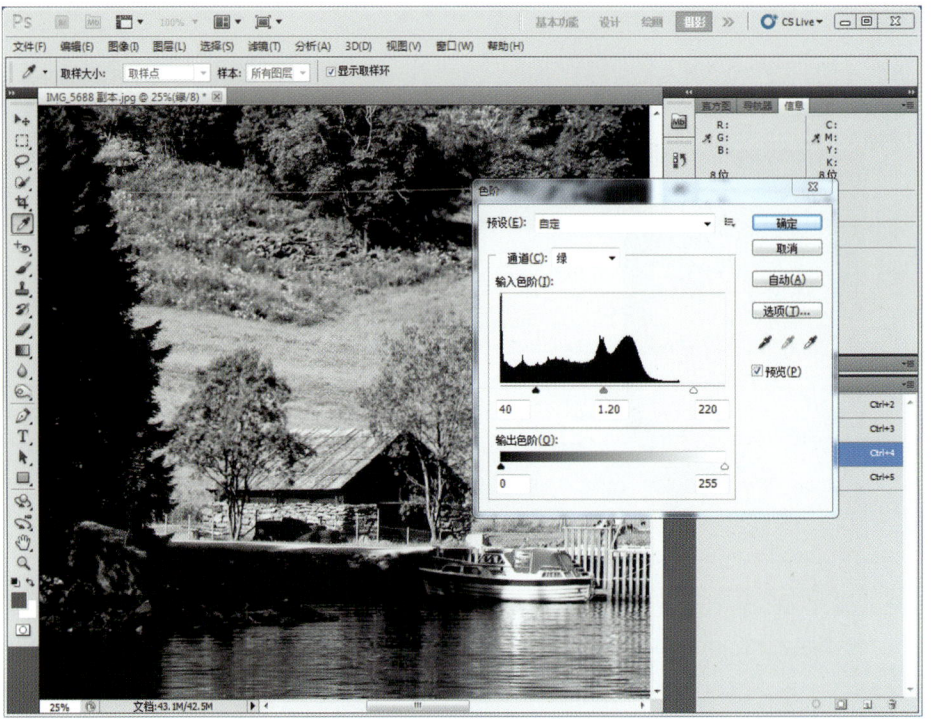

图 3-46　绿色通道色阶处理

（6）在通道面板中选择红色通道，然后单击"图像"—"调整"—"色阶"，在"输入色阶"区域下方分别输入 50、1.30、255，如图 3-47 所示，单击"确定"按钮。

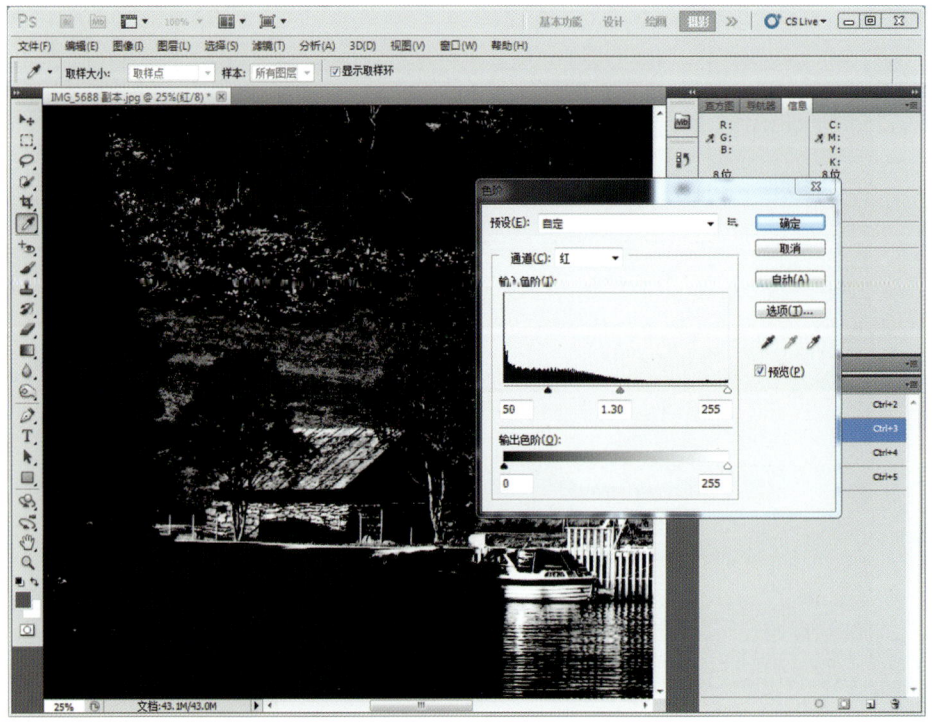

图 3-47　红色通道色阶处理

（7）在通道面板中选择全部 RGB 通道，然后单击"图像"—"调整"—"亮度/对比度"，在弹出的"亮度/对比度"对话框中调整亮度为 – 5，对比度为 20，如图 3–48 所示，单击"确定"按钮。

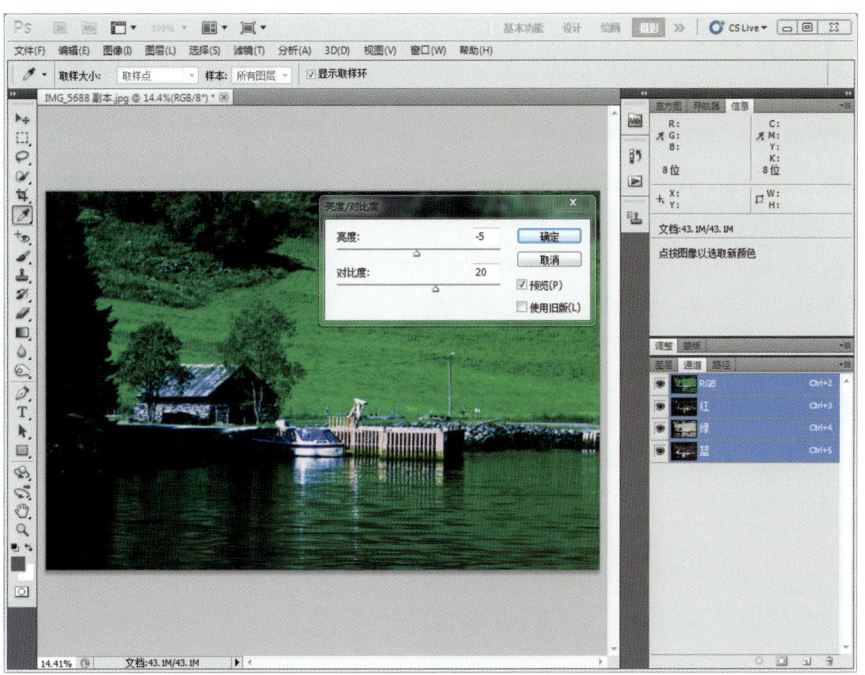

图 3–48　RGB 通道亮度 / 对比度处理

（8）在通道面板中选择全部 RGB 通道，然后单击"图像"—"调整"—"色相 / 饱和度"，在弹出的"色相/饱和度"对话框中调整饱和度为 15，完成整个调色实例，如图 3–49 所示，单击"确定"按钮。

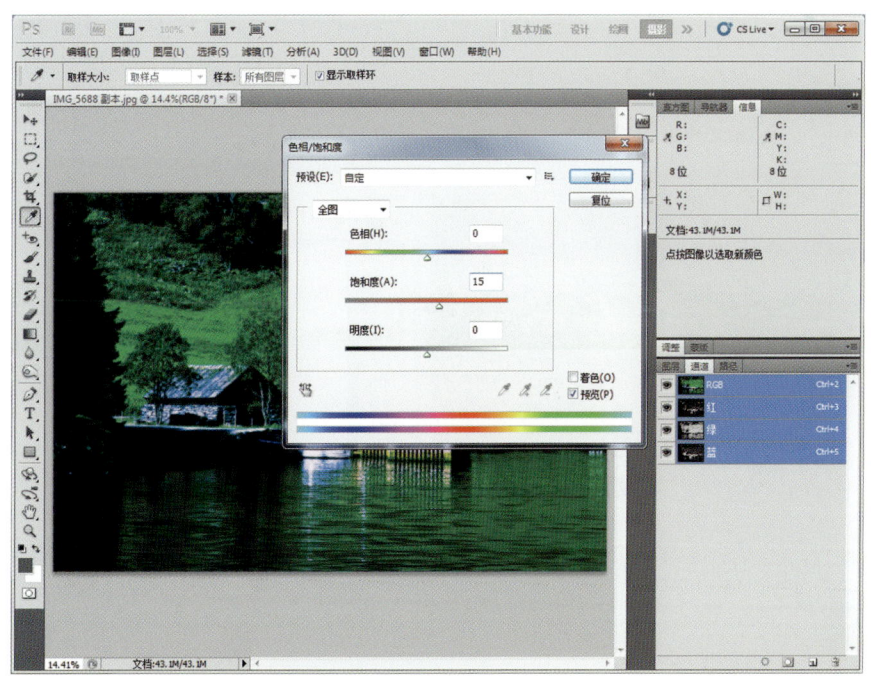

图 3–49　RGB 通道色相 / 饱和度处理

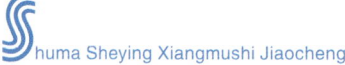
二、日系色调效果

提起日系色调，大家经常会想到日本电影里那种散文诗般的淡雅和温馨。在摄影中，日系色调传达的是逆光的温暖和清新淡雅的美丽。

（1）打开素材图片，调整 RGB 曲线，修改照片的亮度和反差，如图 3-50 所示。

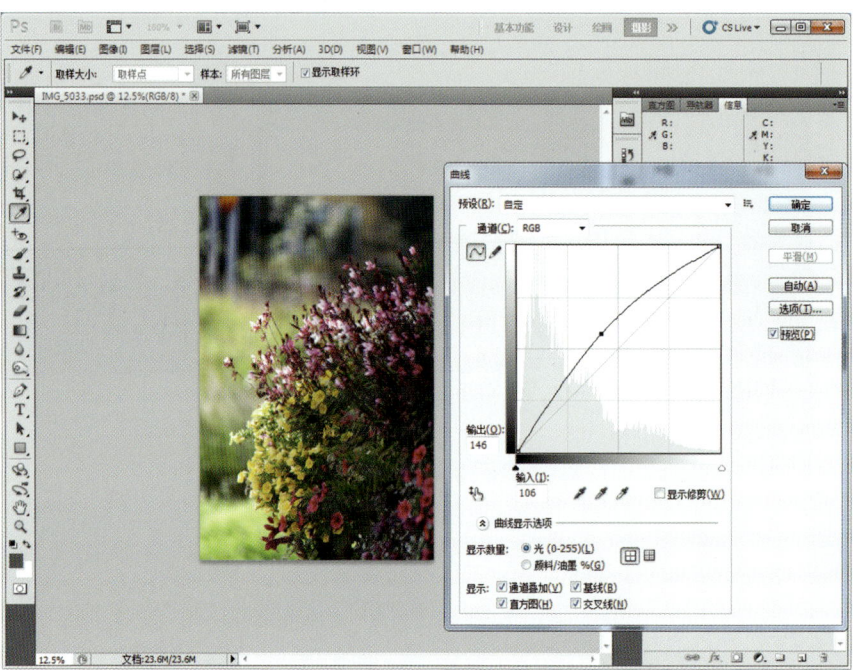

图 3-50 调整 RGB 曲线（修改亮度和反差）

（2）调节红色通道曲线，让照片整体色调偏暖，如图 3-51 所示。

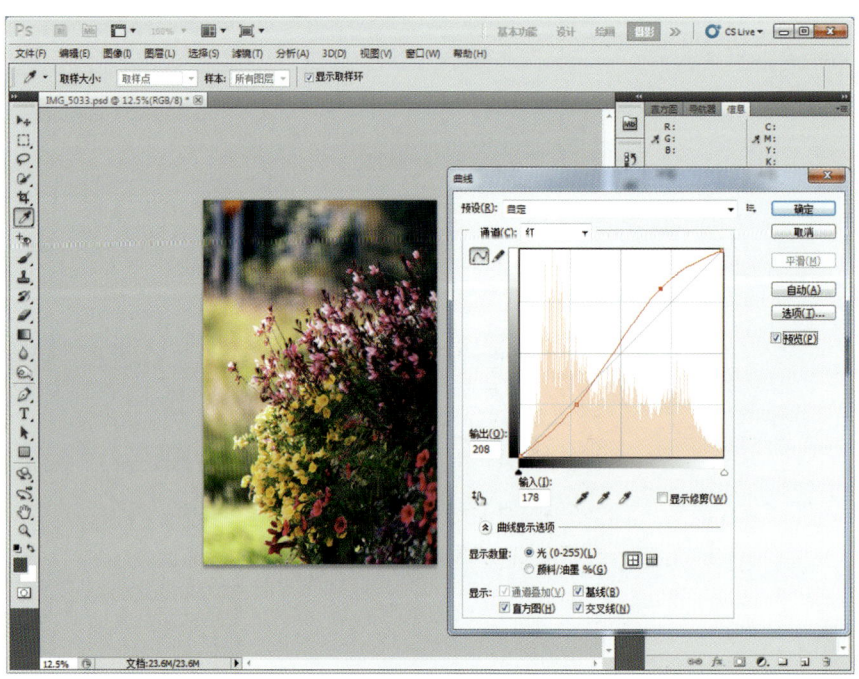

图 3-51 调节红色通道曲线

（3）调整 RGB 曲线，把照片提亮，如图 3-52 所示。

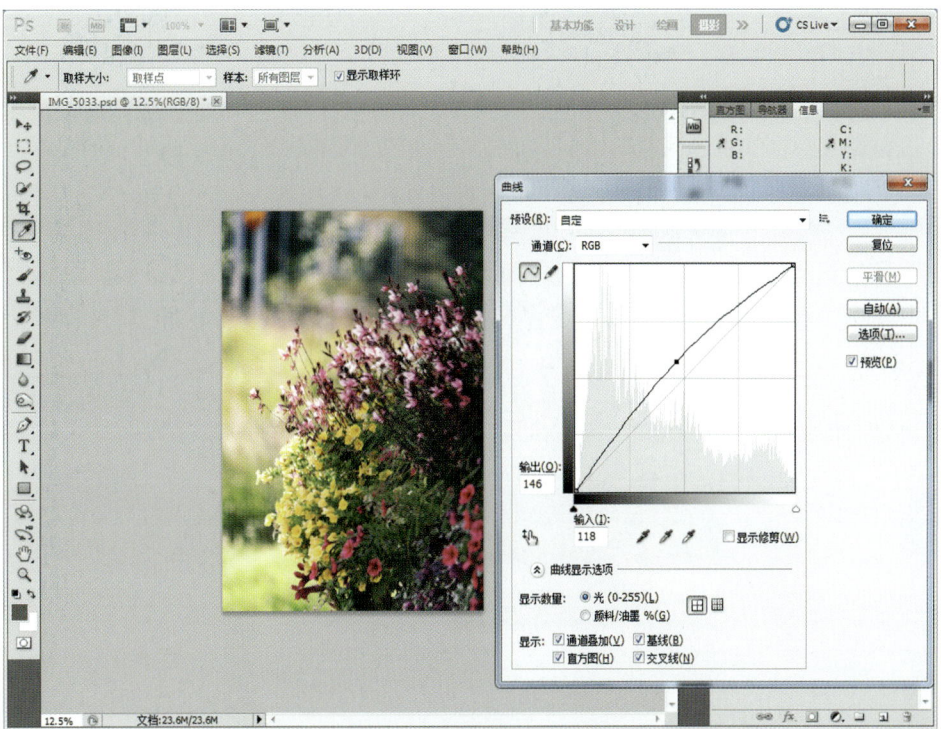

图 3-52　调整 RGB 曲线（把照片提亮）

（4）降低叶子上黄色的饱和度，注意调整之前用吸管在叶子的位置单击一下，这样颜色范围会更加精确，如图 3-53 所示。

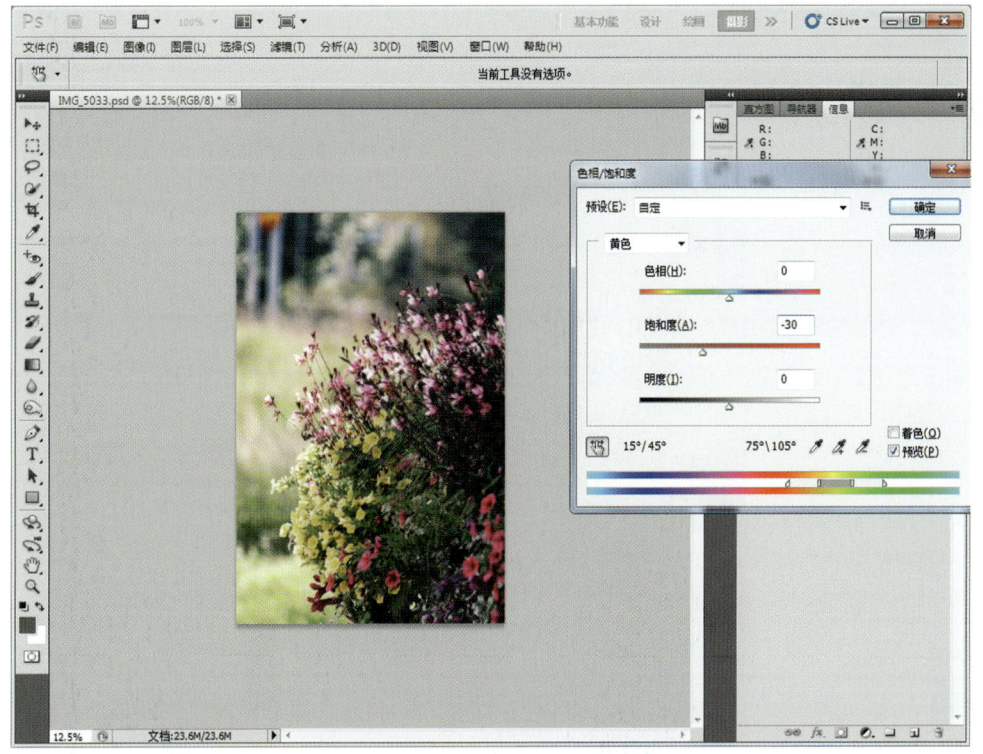

图 3-53　降低叶子上黄色的饱和度

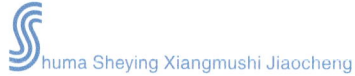

（5）在可选颜色 – 黄色中增加青色，目的是增加树叶的绿色，如图 3-54 所示。

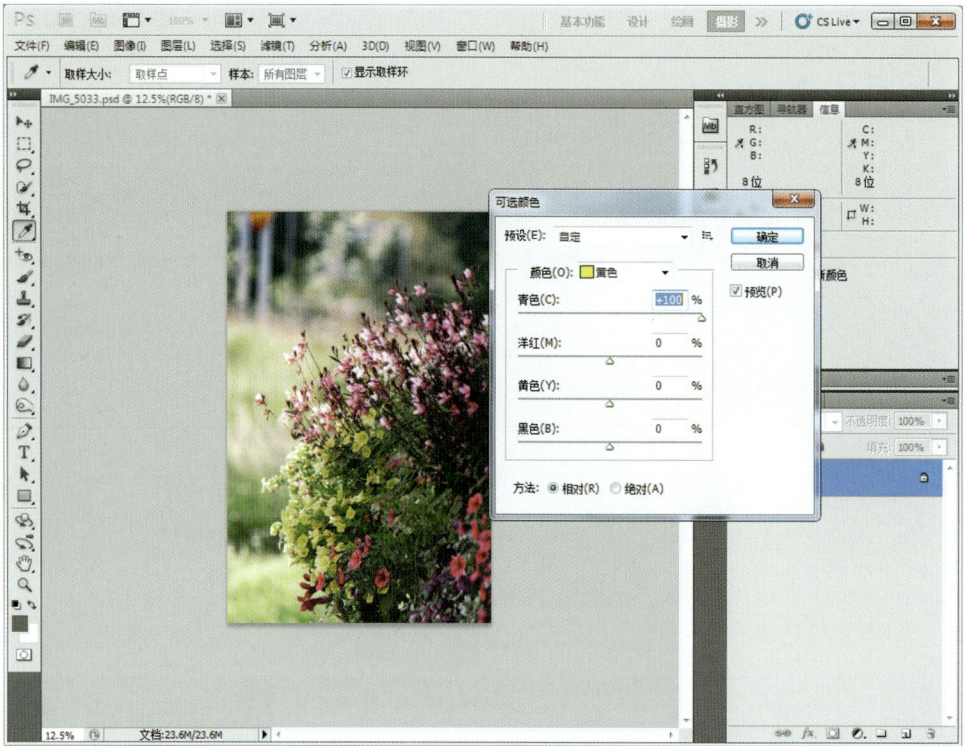

图 3-54　增加树叶的绿色

（6）增加整张照片的饱和度，如图 3-55 所示。

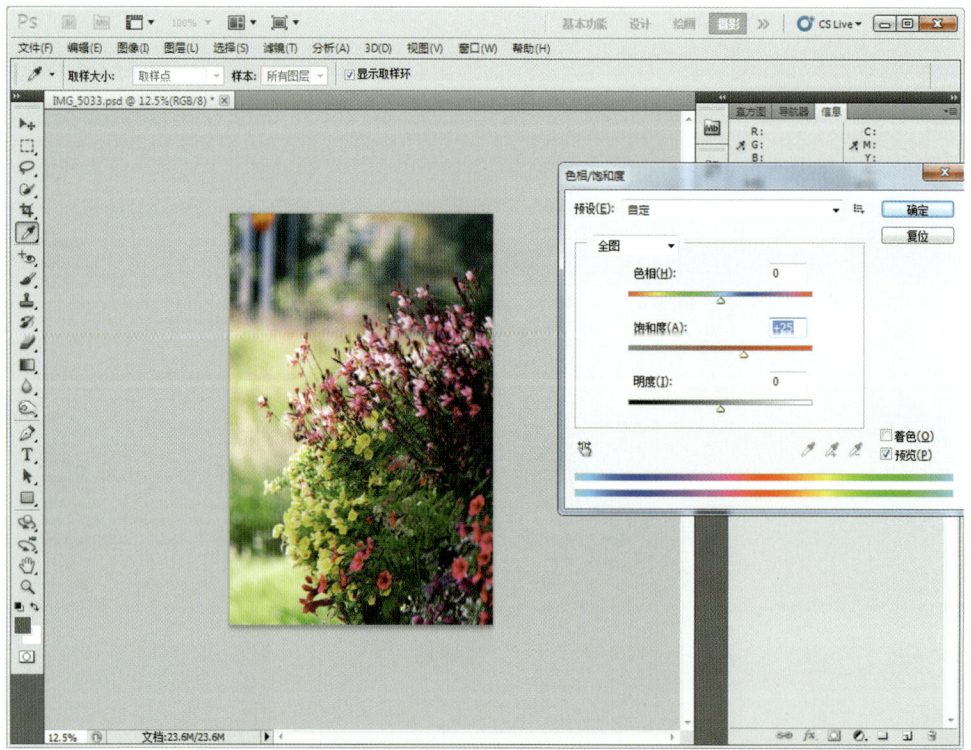

图 3-55　增加整张照片的饱和度

经过以上操作，可把素材调整出日系色调的效果，如图3-56所示。

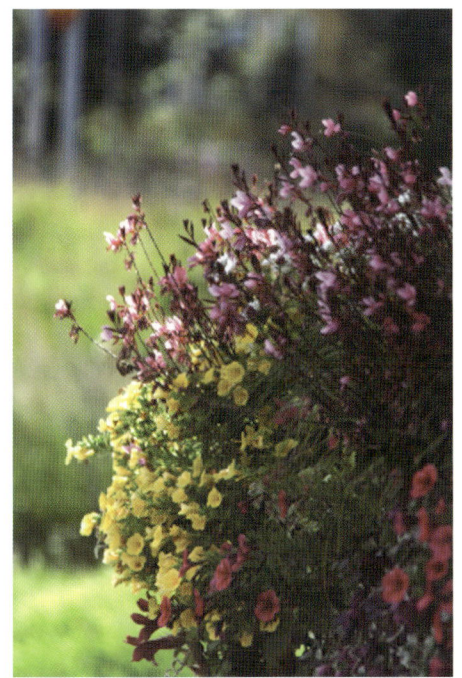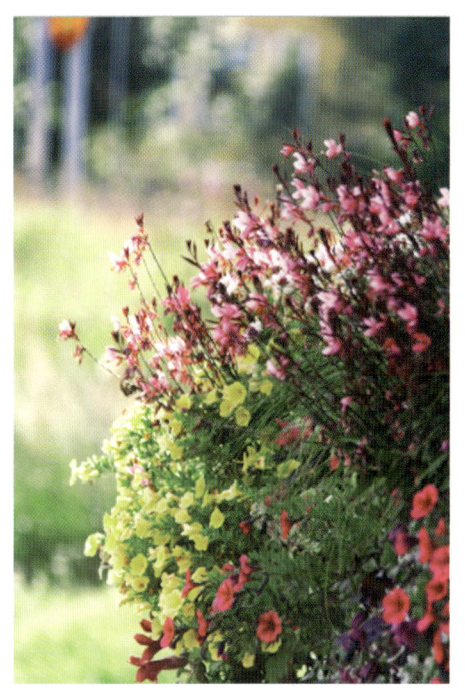

图3-56　日系色调（调整前后对比）

三、彩色照片转黑白效果

黑白摄影给人以历史的距离感，欣赏者会赋予它更多的审美内涵。利用后期处理软件可以轻松将彩色照片转为黑白照片。在 Photoshop 软件中彩色照片转黑白照片的方法有很多种，比如直接转为灰度模式、直接去色、将饱和度降为0等。下面介绍两种效果较好的彩色照片转黑白照片的处理方法。

1. "黑白"+"锐化"打造锐利细腻风格

将图3-57所示的图片打造成锐利细腻风格的图片，如图3-58所示。

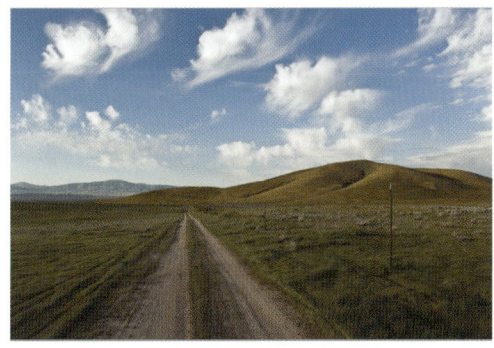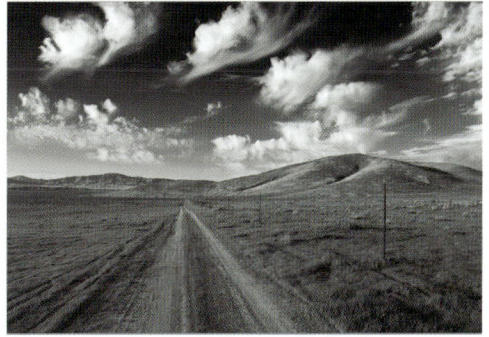

图3-57　原图片　　　　　　　图3-58　锐利细腻风格图片

1）选择"黑白"

选择菜单"图像"中的"调整"选项，可以看到一个"黑白"选项，如图3-59所示，单击它，就会自动生成黑白影像。

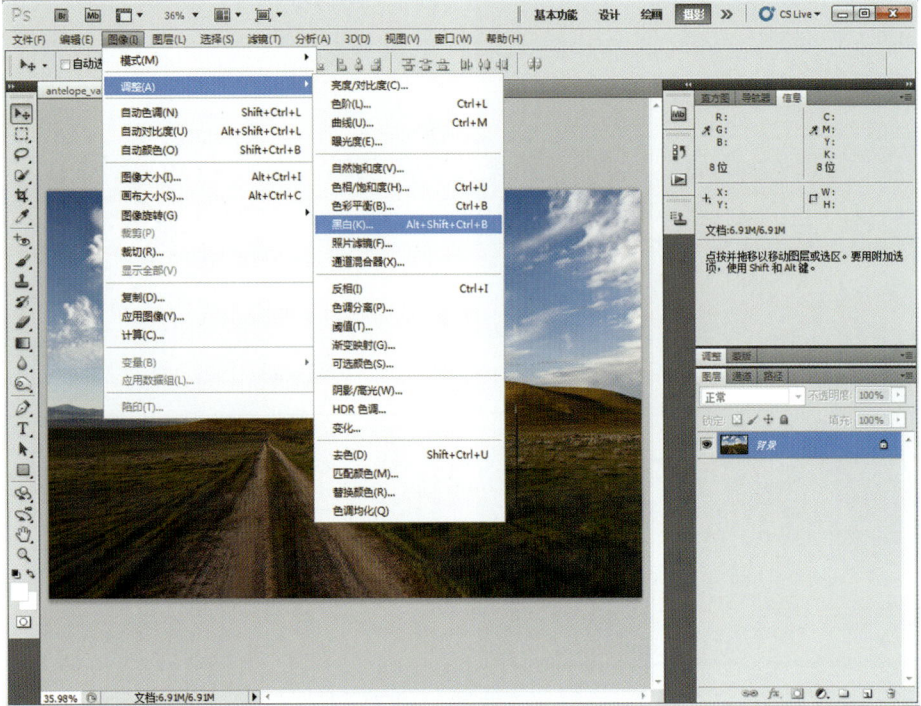

图 3-59　"黑白"选项

2）调整各颜色通道

选择"黑白"之后，系统会弹出"黑白"对话框，用于调节各通道的色彩饱和度数值。通过不断滑动各选项的滑块，将整幅图的层次表达清楚，让作品细节丰富，如图3-60所示。

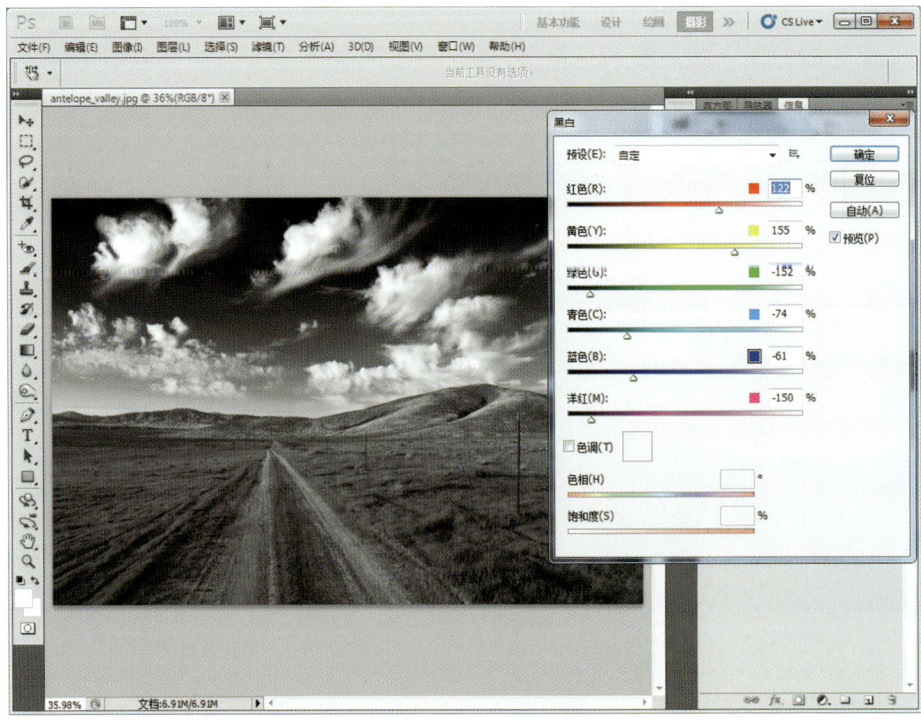

图 3-60　"黑白"对话框

3）执行"USM 锐化"命令

为了让质感更佳，画面感觉更锐利，可以对作品进行锐化。基本上，大多数后期处理的作品都可以进行这一步操作。选择"滤镜"中的"锐化"选项，再找到"USM 锐化"，执行该操作，如图 3-61 所示。

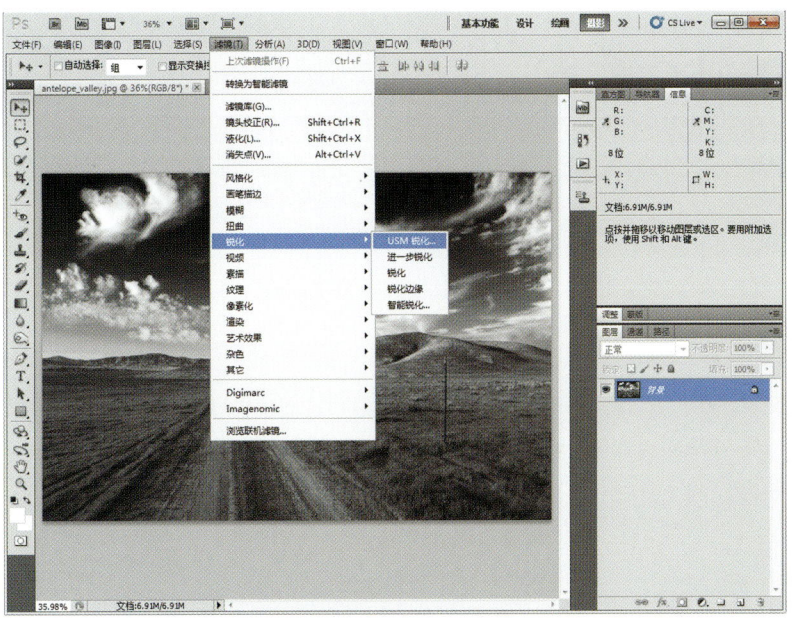

图 3-61　执行"USM 锐化"操作

4）调整合适数量值

为图 3-62 所示图片选择较大的数量值、较小的半径和阈值进行处理。数量值用于限定锐化程度，其值越大，锐化效果越明显；半径用来设定图像轮廓周围被锐化的范围，其值越大，锐化效果越明显，但处理速度越慢。

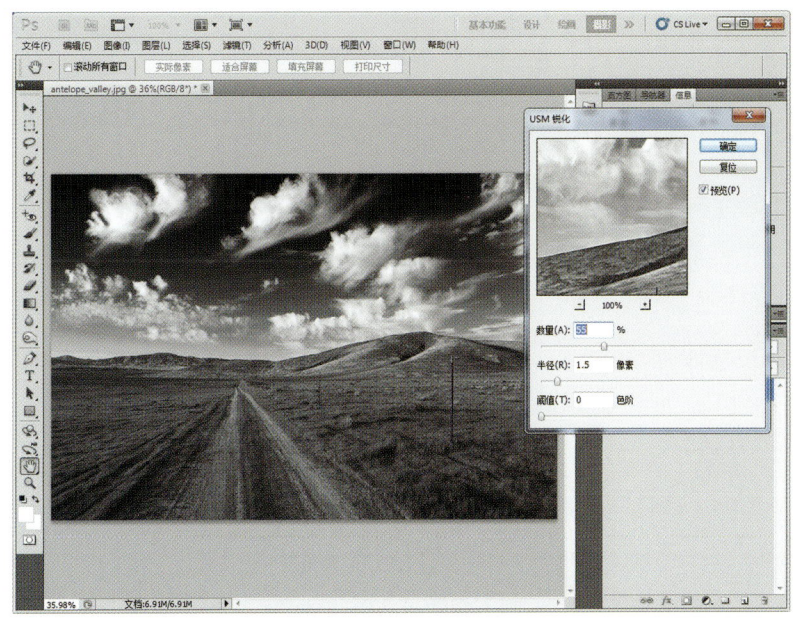

图 3-62　调整合适数量值

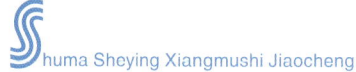
2．利用 Lab 通道实现高反差对比

高反差对比图片如图 3-63 所示。

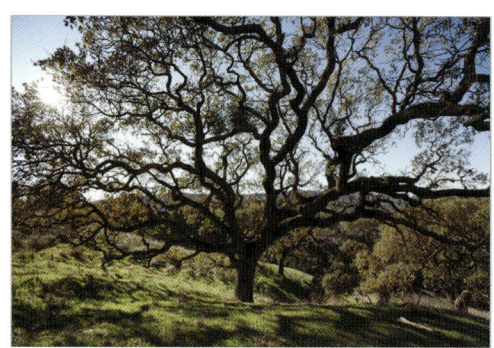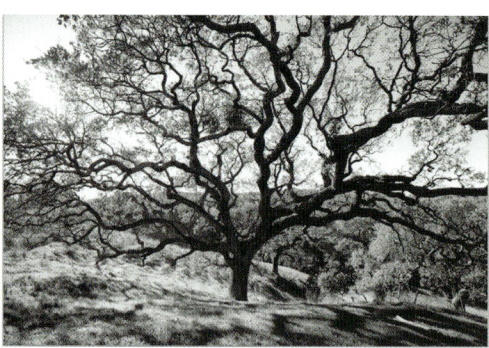

图 3-63　高反差对比图片

1）选择 Lab 颜色模式

打开 Photoshop 后，选择"图像"—"模式"—"Lab 颜色"，如图 3-64 所示，这是处理黑白效果的第一步。Lab 颜色是比 RGB 颜色色域更宽广的色彩模式，故将 RGB 颜色模式的图像转换成 Lab 颜色模式。在两模式之间互相转换是无色彩损失的。

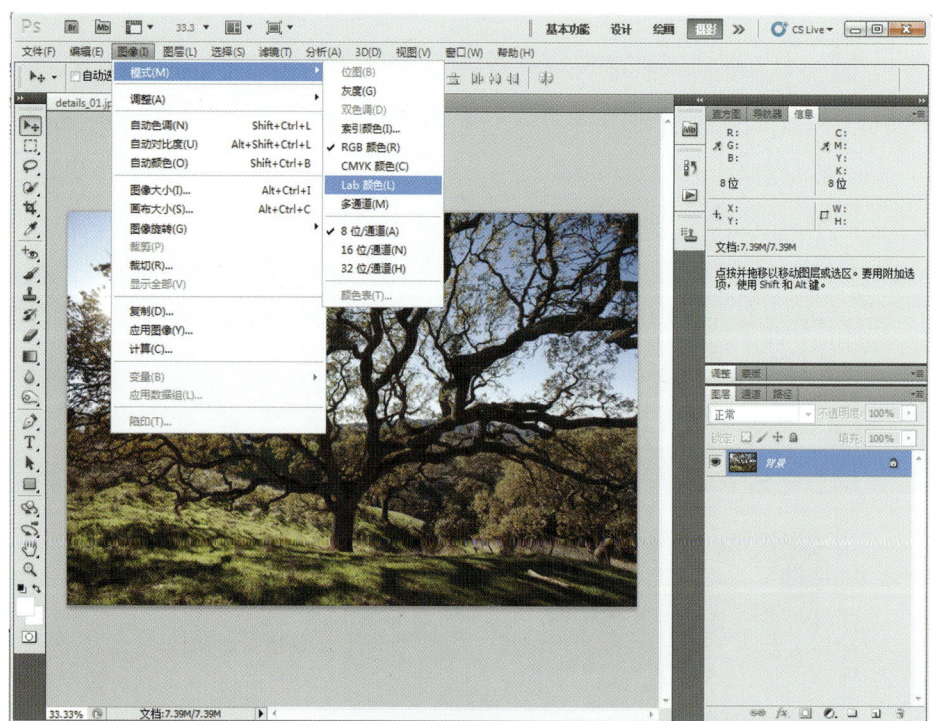

图 3-64　选择 Lab 颜色模式

2）选择"明度"通道

单击右下角的"通道"面板，可以看到 Lab 颜色模式下有三个通道："明度"通道专门保存亮度信息；a、b 通道保存的是色彩信息。单击"明度"通道，这样转换的黑白照片保留了全部的亮度信息，为后期处理最大限度地保留了亮度信息。选择"明度"通道，如图 3-65 所示。

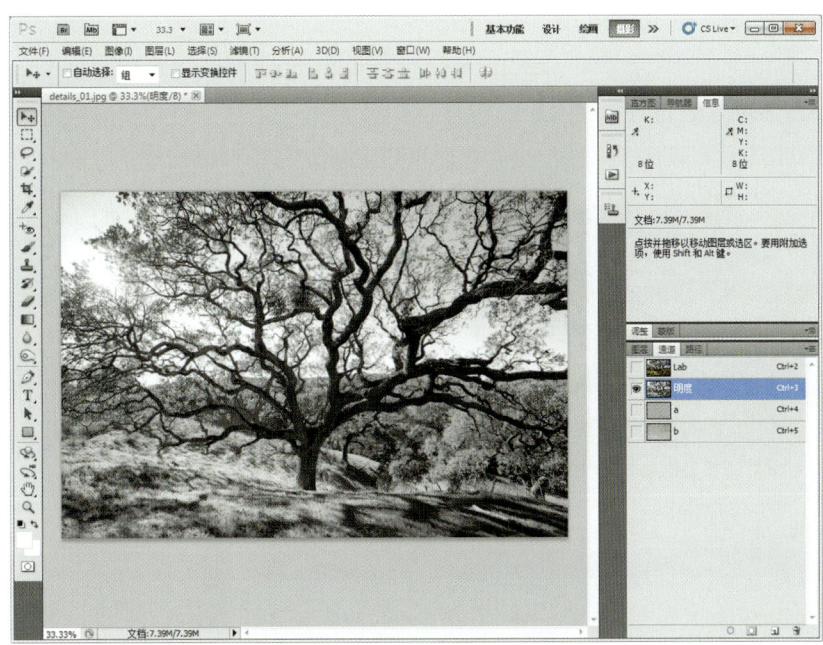

图 3-65　选择"明度"通道

3）将"明度"通道转灰

再次选择"图像"菜单下的"模式"选项，选择"灰度"选项，这时系统会弹出提示框询问是否要扔掉其他通道，选择"是"。这时候，面板上只剩下一个称为"灰色"的图层，如图 3-66 所示。

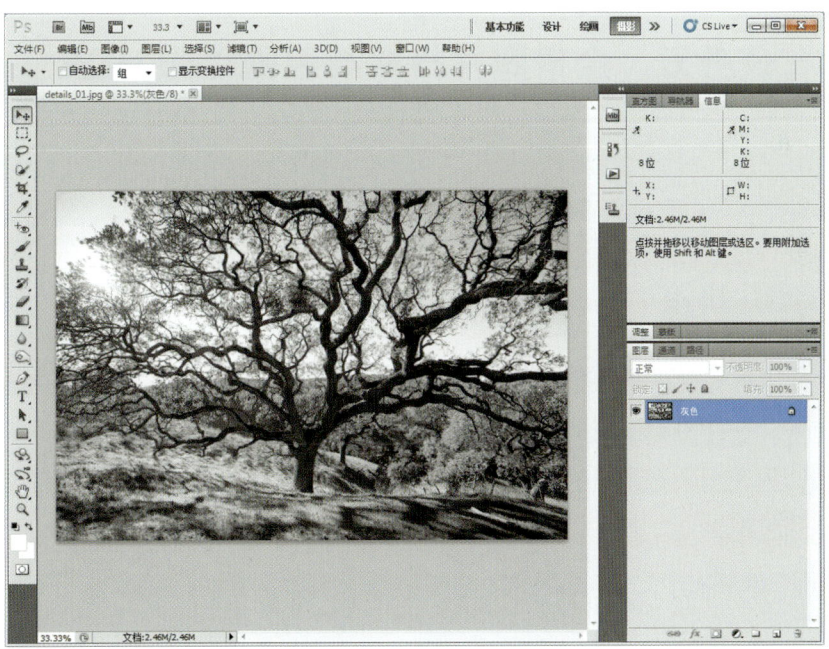

图 3-66　"灰色"的图层

4）利用色阶让反差更大

选择色阶工具对整体对比度进行调节，将两端的三角形滑块略微向中心移动，观察直方图的影调是偏于高光还是阴影，再滑动中心灰色箭头以适应这种变化，如图 3-67 所示。

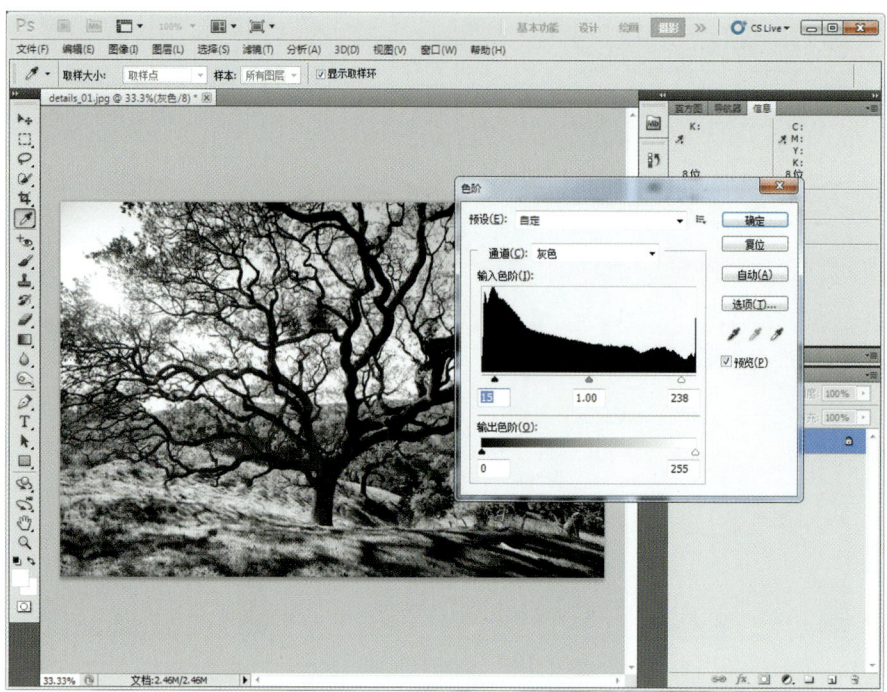

图 3-67　利用色阶让反差更大

任务五　全景照片拼接与包围曝光 HDR

一、全景照片拼接

　　拍摄大型合影或表现景色的恢宏气势常常会用到视角宽广的全景照。但由于摄影器材和场地的局限，往往没办法进行全景宽幅照片的拍摄。而 Photoshop 能将连续拍摄的图片自动拼接，打造出风光无限的全景照。下面讲解将图 3-68 所示源图片拼接成图 3-69 所示全景照的过程。

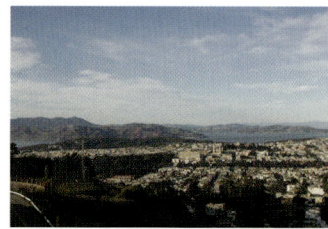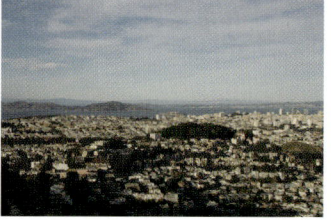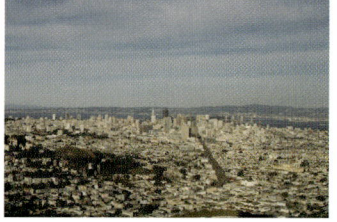

图 3-68　拼接全景照（源图片）

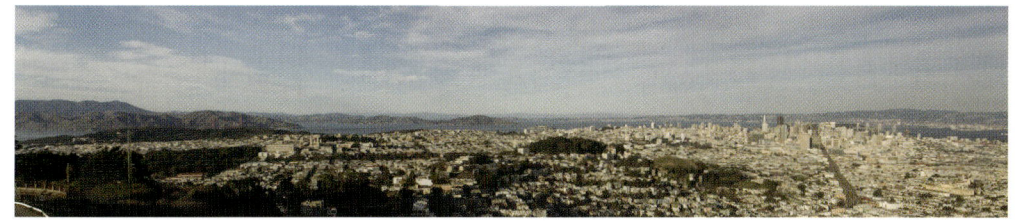

图 3-69　拼接成的全景照

（1）从菜单栏选择"文件"—"自动"—"Photomerge"，如图 3-70 所示，打开"Photomerge"对话框。

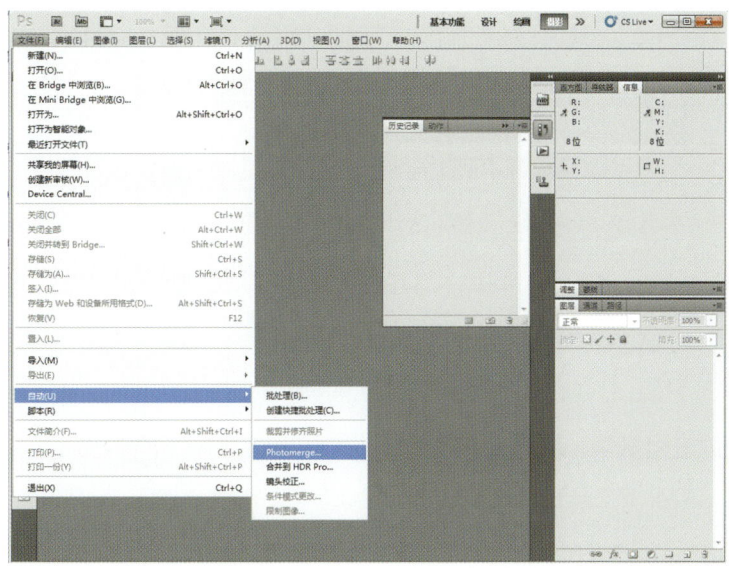

图 3-70　选择"Photomerge"

（2）单击"浏览"按钮，选择"照片 1""照片 2""照片 3"为源图片，并单击"确定"按钮，如图 3-71 所示。

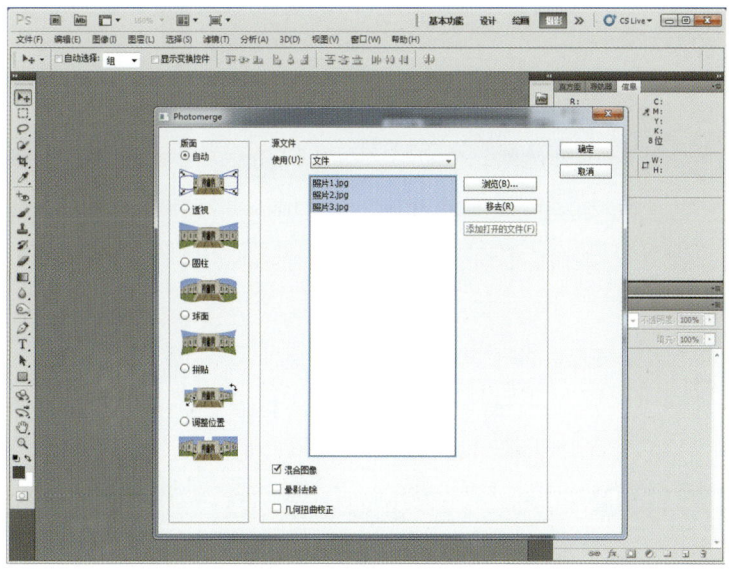

图 3-71　选择源图片

（3）Photomerge 会自动寻找匹配的衔接图片区域，完成图片的拼接。单击"确定"按钮后，系统会自动生成一个"未标题 – 全景图 1"的新建全景照，如图 3–72 所示。

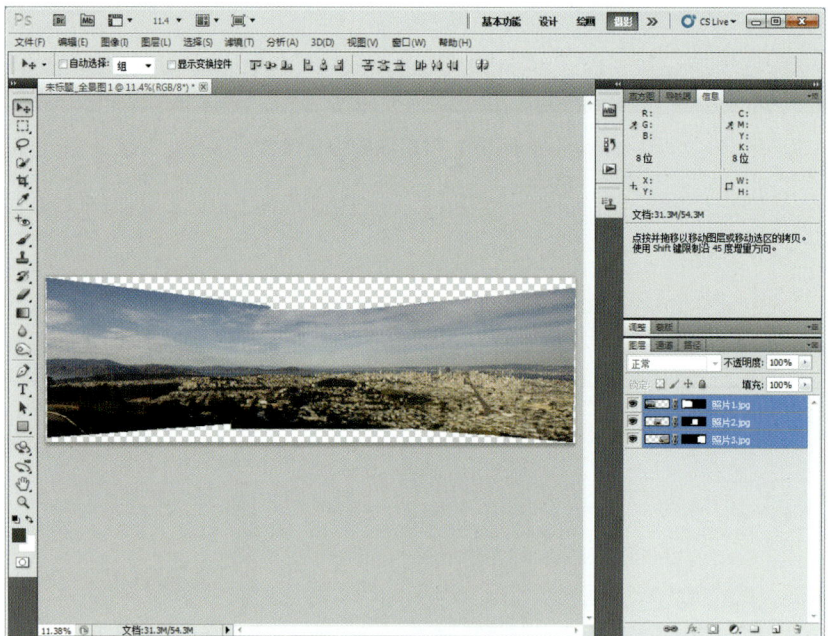

图 3–72　新建全景照

（4）对图片进行裁剪，如图 3–73 所示。

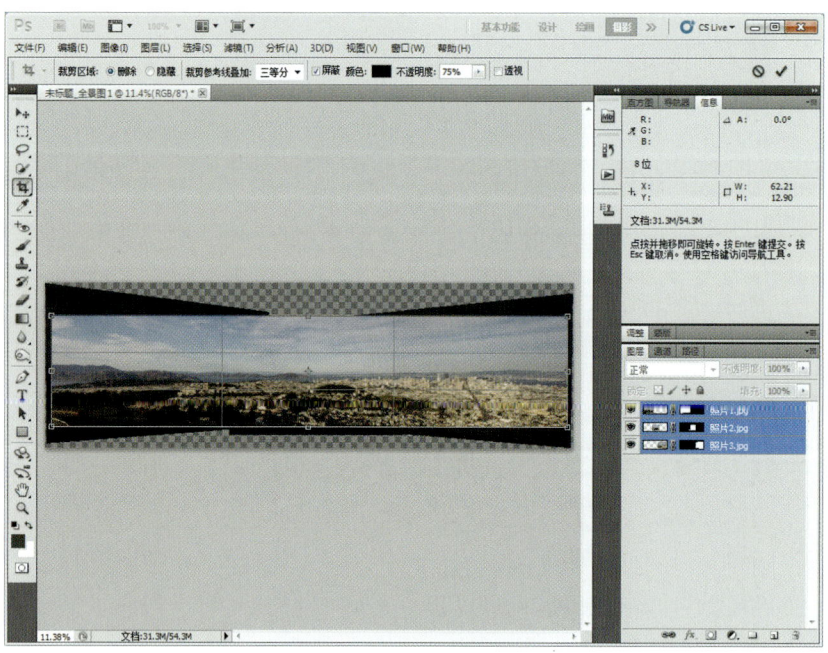

图 3–73　对图片进行裁剪

二、包围曝光 HDR

当在大光比环境下拍摄时因受到动态范围的限制，不能记录极端亮或暗的细节。这时

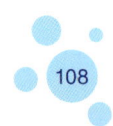

借助 Photoshop 的 HDR 功能，可以实现在大光比拍摄下，无论是高光还是暗部都拥有比普通照片更佳的层次。

　　在制作 HDR 照片之前，要拍摄多张焦距一样、机位一样，只有曝光不一样的照片，如图 3-74 所示。将这些照片制作成包围曝光 HDR 照片，如图 3-75 所示。制作过程如下。

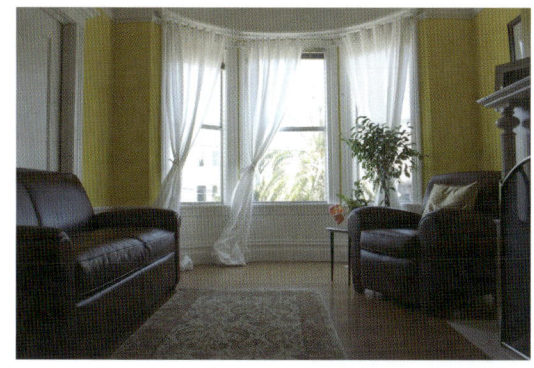
F6.3　1/20s　ISO200

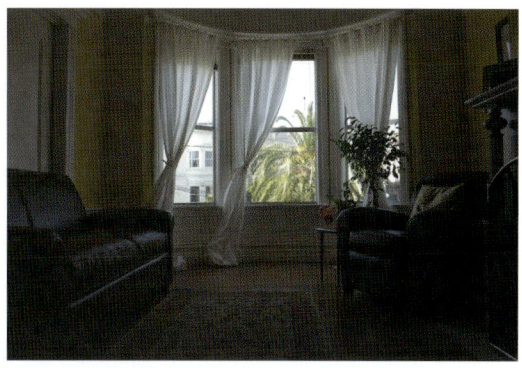
F6.3　1/60s　ISO200

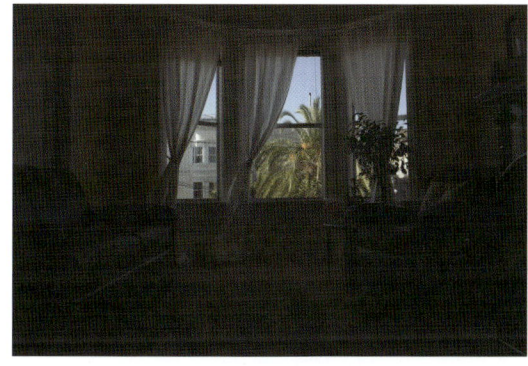
F6.3　1/250s　ISO200

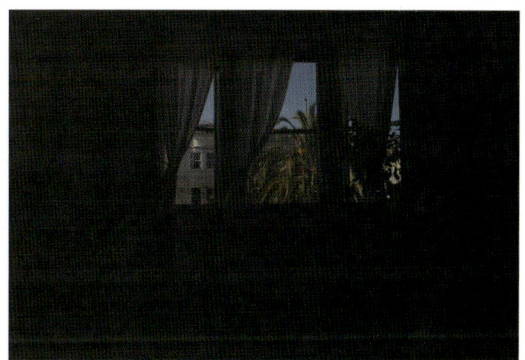
F6.3　1/1000s　ISO200

图 3-74　挑选多张照片

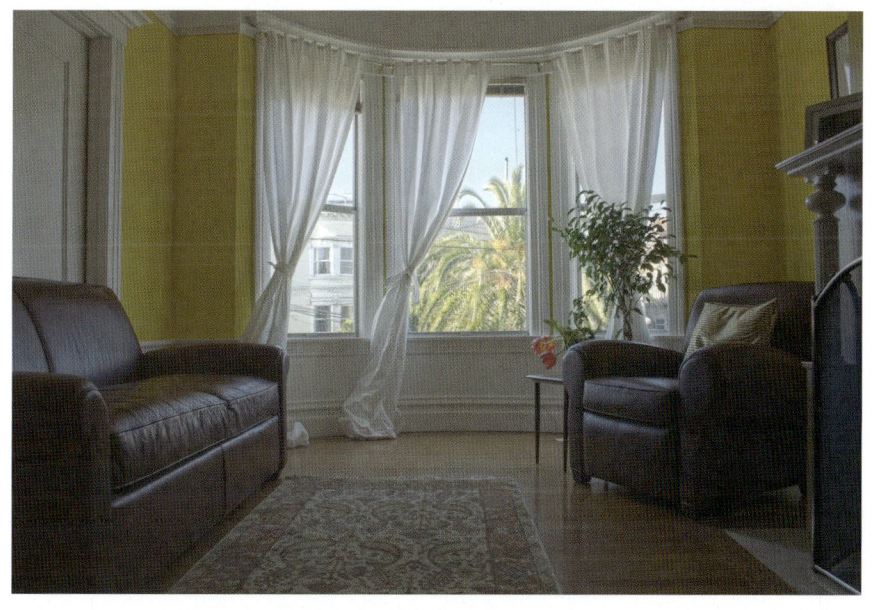

图 3-75　包围曝光 HDR 照片

（1）在菜单栏中选择"文件"—"自动"—"合并到 HDR Pro"，如图 3-76 所示，打开"合并到 HDR Pro"对话框。

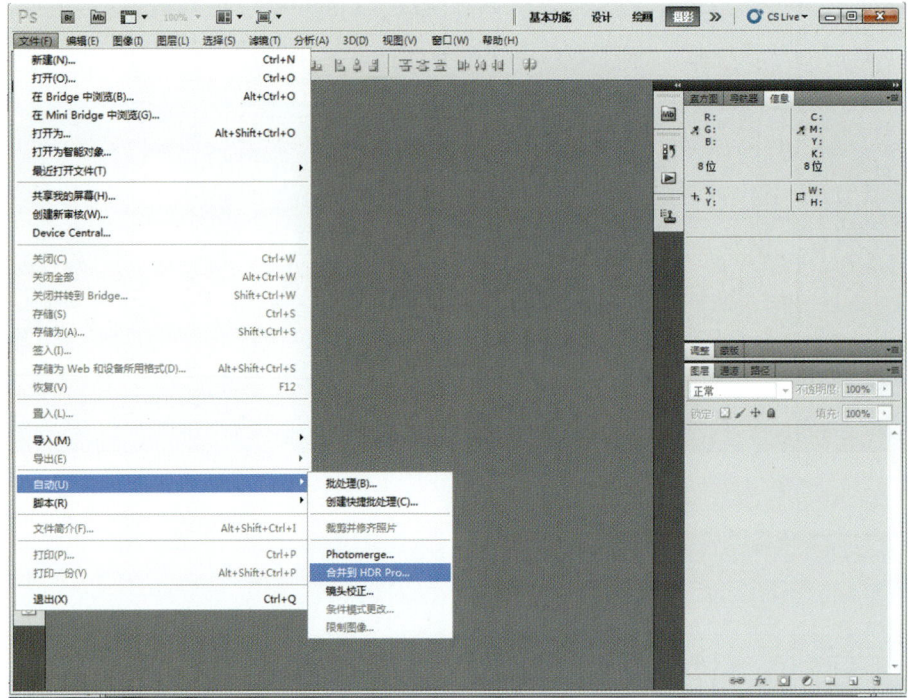

图 3-76　选择"合并到 HDR Pro"

（2）选择曝光不同的照片组合，用于 HDR 照片合并，然后单击"确定"按钮，如图 3-77 所示。

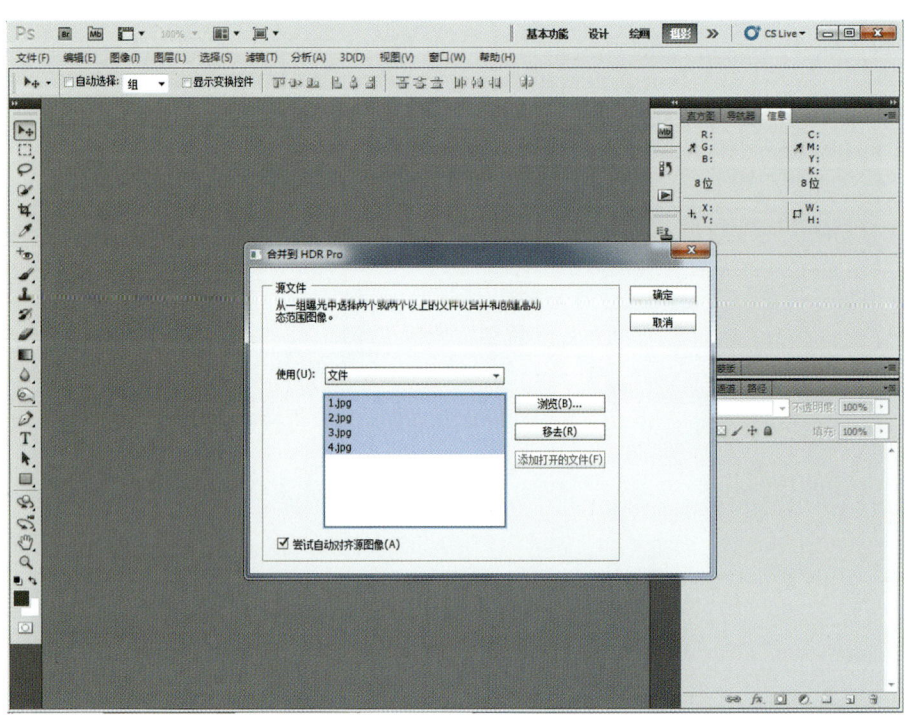

图 3-77　选择 HDR 照片源图片

（3）调节"合并到 HDR Pro"对话框右侧"颜色"面板中的相应参数，直到得到满意效果为止，如图 3-78 所示。

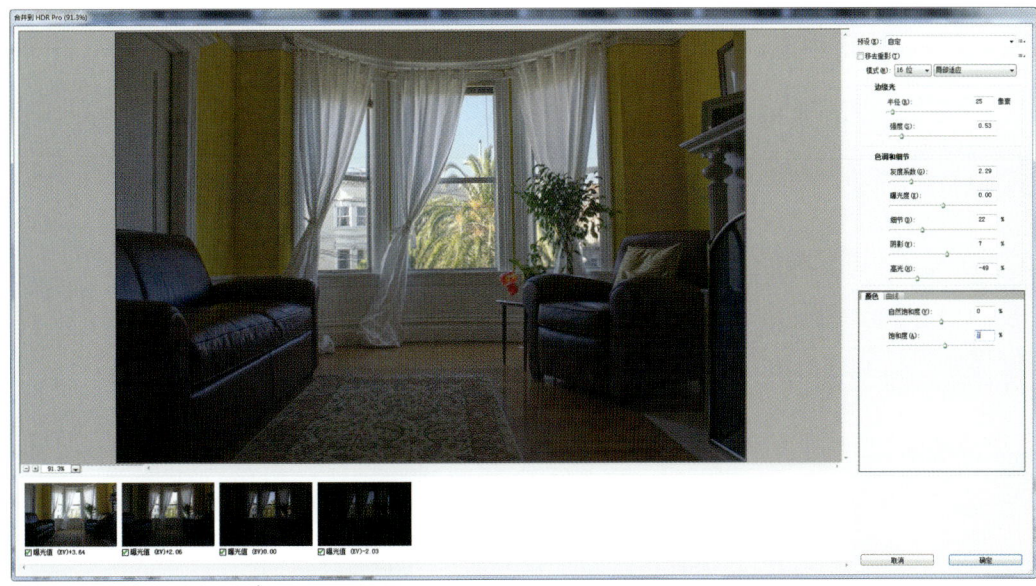

图 3-78　调节参数得到满意效果

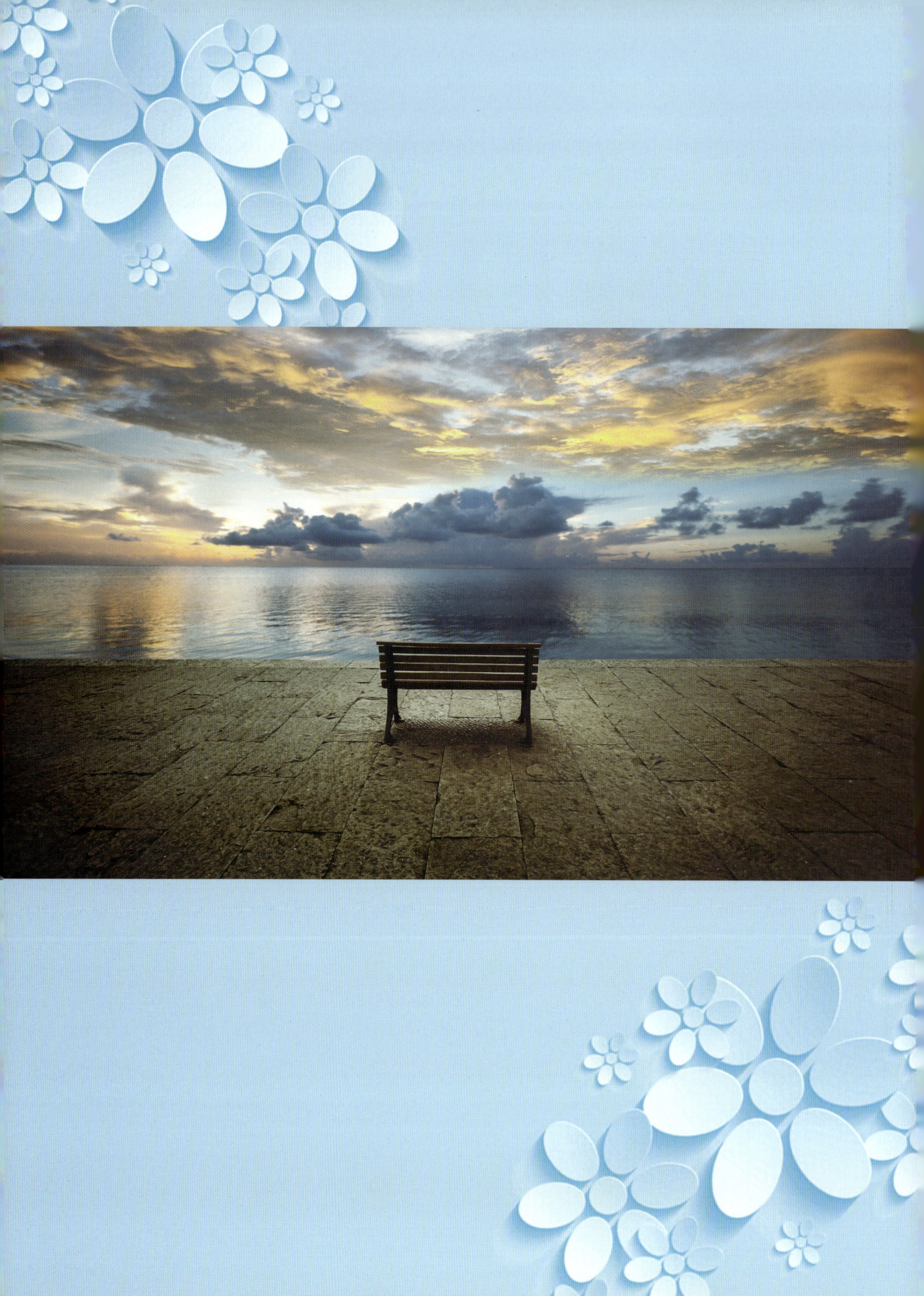

[1] 王宏. 数码摄影技术 [M]. 武汉：华中科技大学出版社，2011.

[2] 颜志刚. 摄影技艺教程 [M]. 6 版. 上海：复旦大学出版社，2005.

[3] 奈杰尔·希克斯. 最新数码单反相机摄影指南 [M]. 王诗戈，王英策，译. 长春：吉林美术出版社，2007.

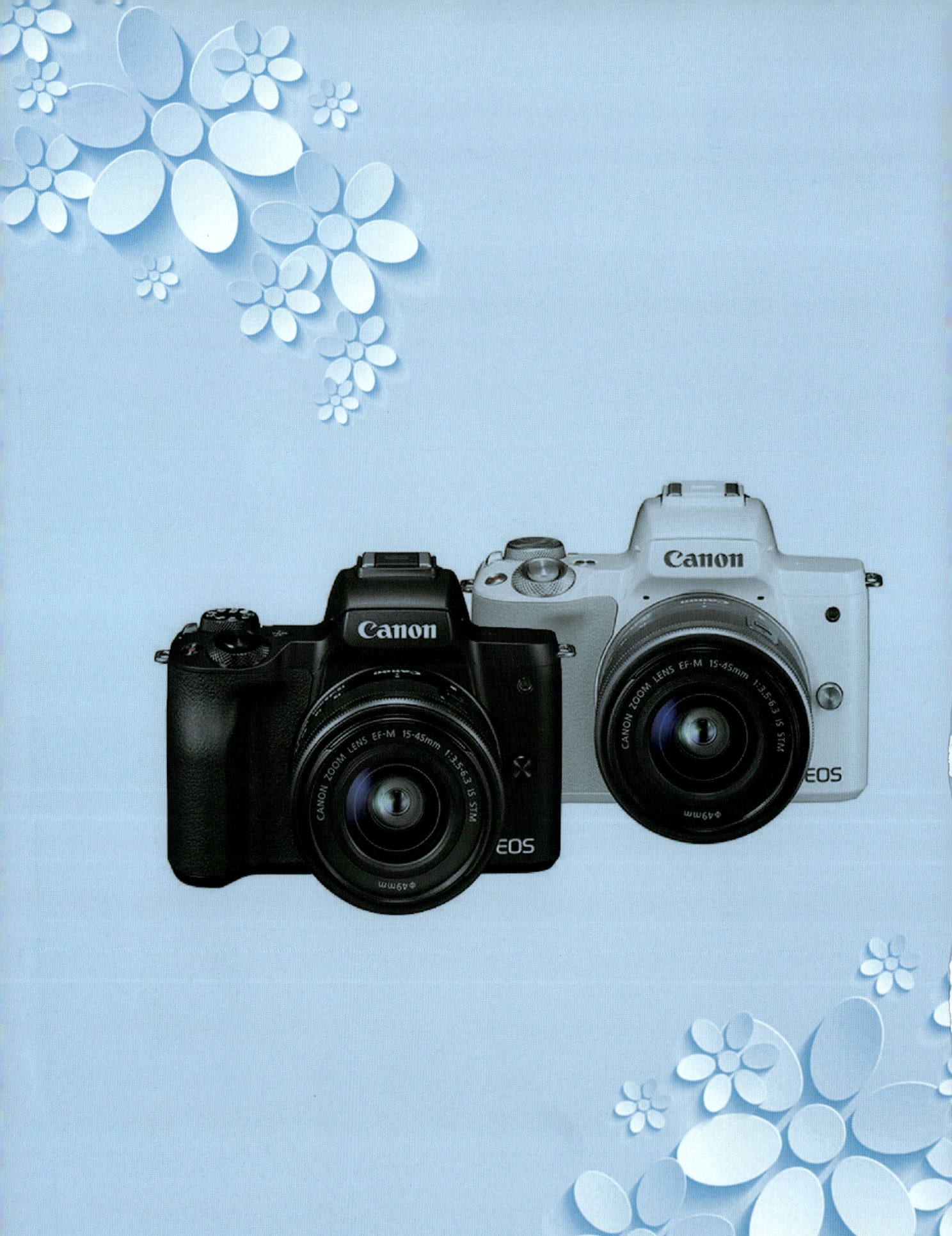